Revit建模案例教程

周婷婷　武玲玲　郑子儒　主　编
刘鑫鑫　马道宏　聂　坤　劳振花　副主编

清华大学出版社
北京

内 容 简 介

根据高等职业教育人才培养的要求和建筑信息化发展的趋势，本书选取真实完整的工程案例（东营职业学院二号教学楼），采用项目化引导和任务驱动，针对每个任务设置了清晰明确的学习目标及要求。每个模块的教学过程分为任务准备、任务实施、成果巩固、联考拓展四部分，借助 Revit 软件建立建筑、结构、系统模型，并对整个项目进行渲染、漫游、动画、碰撞检查等，把实践教学和理论教学融为一体，具有较强的实用性。

本书配套在线课程平台及多媒体资源，同时把职业技能和职业精神培养高度融合起来。本书借鉴"1+X"建筑信息模型（BIM）职业技能等级大纲及全国 BIM 技能等级考试大纲要求设置作业训练，企业实训不涉及的内容以及价值塑造关键点通过配套二维码展现出来，学生在学完课程后，通过自我训练即可达到初级甚至中级建模员的要求。

本书适合高职高专院校建筑学、土木工程、建筑施工技术、建筑工程管理、工程造价等专业的师生使用，也适合建筑行业 BIM 技术人员及 BIM 爱好者使用。

本书封面贴有清华大学出版社防伪标签，无标签者不得销售。
版权所有，侵权必究。举报：010-62782989，beiqinquan@tup.tsinghua.edu.cn。

图书在版编目（CIP）数据

Revit 建模案例教程 / 周婷婷，武玲玲，郑子儒主编 . -- 北京：清华大学出版社，2025.1. -- ISBN 978-7-302-67988-2
Ⅰ . TU201.4
中国国家版本馆 CIP 数据核字第 2025BJ5613 号

责任编辑：郭丽娜　孙汉林
封面设计：曹　来
责任校对：袁　芳
责任印制：刘　菲

出版发行：清华大学出版社
　　　　网　　址：https://www.tup.com.cn，https://www.wqxuetang.com
　　　　地　　址：北京清华大学学研大厦 A 座　　邮　编：100084
　　　　社　总　机：010-83470000　　　　　　　　邮　购：010-62786544
　　　　投稿与读者服务：010-62776969，c-service@tup.tsinghua.edu.cn
　　　　质量反馈：010-62772015，zhiliang@tup.tsinghua.edu.cn
　　　　课件下载：https://www.tup.com.cn，010-83470410
印 装 者：三河市龙大印装有限公司
经　　销：全国新华书店
开　　本：185mm×260mm　　　　印　张：17.75　　　　字　数：428 千字
版　　次：2025 年 1 月第 1 版　　　　　　　　　　　　印　次：2025 年 1 月第 1 次印刷
定　　价：59.00 元

产品编号：104428-01

前　言

2023年2月7日，中共中央、国务院印发了《质量强国建设纲要》，其第六章"提升建设工程品质"提出加快建筑信息模型等数字化技术研发和集成应用，创新开展工程建设工法研发、评审、推广。2023年10月24日，住房和城乡建设部发布《关于开展工程建设项目全生命周期数字化管理改革试点工作的通知》（以下简称《通知》），《通知》中提出要推进BIM报建和智能辅助审查。加强建筑信息模型（BIM）技术在建筑全生命周期中的应用，选取一批项目，在设计方案审查、施工图审查、竣工验收、档案移交等环节采用BIM成果提交和智能辅助审查，完善BIM成果交付和技术审查标准，探索基于BIM的建筑全生命周期审批监管创新模式和制度机制。2023年11月7日，住房和城乡建设部办公厅印发通知，在天津等27个省级单位或地区开展工程建设项目全生命周期数字化管理改革试点工作，提出要推进工程建设项目图纸全过程数字化管理、推进BIM（建筑信息模型）报建和智能辅助审查、推动数字化管理模式创新。

然而，BIM行业最大的问题是人才供给侧与需求侧的不平衡，要想实现建筑行业的数字化转型，落实到高校的人才培养中，学校需要明确专业培养目标，全方位培养建筑专业和数字技术专业的复合型人才。本书就是在校企合作培养BIM建模员等相关人才时逐步形成的，以服务为宗旨，以就业为导向，开发活页式、项目化教材。同时，编者在教学过程中遵循"以学生为中心"的教学理念，将教材进行了反复实践与修改。

通过学习本书，学生能够掌握Revit的基本理论知识及实操技巧，提高识图及精确建立建筑信息模型的能力，并且能提高建模效率。

本书由东营职业学院的周婷婷、武玲玲、郑子儒担任主编，山东彼慕建筑科技有限公司的刘鑫鑫，东营职业学院的马道宏、聂坤、劳振花担任副主编。东营职业学院的沈天琳、姜兆波，山东公路技师学院的张丽萍，山东华滨建工有限公司的刘洪鸽参与了本书部分章节的编写工作。具体分工如下：郑子儒、劳振花编写了模块1；周婷婷、聂坤、马道宏、沈天琳编写了模块2；武玲玲、姜兆波编写了模块3；刘鑫鑫、刘洪鸽、张丽萍编写了模块4，并整理了图纸相关内容。联考拓展题目由每个模块的编者查找审核。本书提供二维码微课视频供读者观看，同时配套在线开放课程及资源库等增值服务，广大读者可登录东营职业学院网络教学平台，选择相应课程进行观看。

由于编者水平有限,书中难免存在疏漏及不妥之处,我们期待能够得到您的反馈,并将及时进行修订和完善。

编 者

2024 年 10 月

本书配套图纸和模型

目　录

模块 1　BIM 软件简介 ··· 1
任务 1　BIM 技术简介 ·· 1
任务 2　Revit 软件界面及基本操作 ··· 7

模块 2　建筑建模及表现 ·· 15
任务 3　创建教学楼标高轴网 ·· 15
任务 4　创建教学楼一层墙体及楼板 ··· 29
任务 5　创建教学楼一层门窗 ·· 48
任务 6　创建教学楼其他层 ··· 59
任务 7　创建幕墙 ··· 76
任务 8　创建楼梯 ··· 89
任务 9　创建屋顶和天花板 ··· 104
任务 10　创建场地 ·· 115
任务 11　创建明细表 ··· 132
任务 12　注释、布图与导出 ··· 141
任务 13　渲染输出与漫游动画 ·· 153

模块 3　结构建模与配筋 ·· 168
任务 14　创建结构轴网及筏板基础 ·· 168
任务 15　创建结构柱及钢筋 ··· 183
任务 16　创建结构梁及钢筋 ··· 204
任务 17　创建结构楼板及钢筋 ·· 222

模块 4　设备建模与碰撞 ································· 238

任务 18　建立系统项目样板 ···························· 238
任务 19　创建管道 ·· 254
任务 20　创建桥架 ·· 264
任务 21　链接模型及碰撞检查 ························ 270

参考文献 ·· 276

模块 1　BIM 软件简介

任务 1　BIM 技术简介

学习目标

通过学习本任务，了解 BIM 的作用及特点，熟知 BIM 软件的分类，对 BIM 软件有初步的了解。

学习要求

知识要求：

1. 了解 BIM 的作用和特点。
2. 了解 BIM 技术在实际应用中的价值。
3. 了解常用 BIM 软件的分类。

能力要求：

1. 具有较好的学习建筑新知识、新技能的能力。
2. 具有通过互联网获取信息的能力。

进阶要求：

1. 激发对建筑行业的热爱。
2. 能进行人际交往和团队协作。

任务准备

1. 用互联网收集 BIM 的作用和特点。
2. 收集一个典型 BIM 应用案例。

任务导图

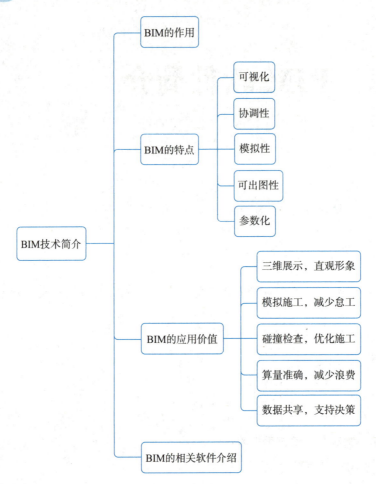

 任务实施

1. BIM 的作用

建筑信息模型（building information modeling，BIM）通过三维数字技术模拟建筑物的真实物理信息，它将工程项目全生命周期的所有信息资源集成在一个模型中，为工程设计、施工、运维提供相互协调的信息，使建筑、结构、安装等各专业协同工作，降低施工成本，保障工程质量。

> **感悟思考**
>
> BIM 技术涉及多个专业领域协同工作，通过介绍实际工程案例，培养学生的团队合作和协调能力，使其认识到不同专业之间相互配合的重要性。

2. BIM 的特点

1）可视化

BIM 将 CAD 图纸上的二维线条形式的构件以三维立体实物的形式进行展示，符合人们的认知习惯，为非专业人士直观了解建筑物提供了方便。

> **感悟思考**
>
> 引入 BIM 三维模型案例，对比其平面图，让学生更直观地理解建筑结构和构造，提高学生的空间想象能力和思维创新能力。

2）协调性

在施工过程中，如果遇到碰撞、错位、功能不达标等问题，需要做相应的补救、完善措施，这样会导致造价提高、工期延长，甚至会造成建筑物不可用，带来不可估量的损失。BIM 的协调性使其能够在建筑物设计阶段或者建造前期发现各专业之间存在的问题，提前进行协调和优化。

3）模拟性

在设计阶段，可以对建筑物进行节能模拟、紧急疏散模拟、日照模拟、热能传导模拟等，在招投标和施工阶段，可以进行"三维模型＋进度＋造价"5D 模拟，确定合理的场地布置和施工方案，节约成本和工期。

4）可出图性

BIM 除了能生成常见的建筑设计图纸外，还可以生成综合管线图纸、结构预留洞口图纸、碰撞检查报告和建议改进方案，以满足各方不同的需求。

5）参数化

建模构件带有物理参数，可以建立三维模型和分析模型，通过改变构件参数值就能建立新的模型，为建设方提供了更多样化的选择。

> **感悟思考**
>
> 学生在对项目进行 BIM5D 协同设计中，充分考虑项目的造价与工期的关系，合理安排，以求得最佳的项目管理计划，培养学生追求质量、工期与成本最优化的全过程、精细化管理能力。

3. BIM 的应用价值

以 BIM 技术为基础的项目管理信息化技术，可以提升项目生产率、提高建筑质量、缩短建设工期、降低建造成本，具体体现在以下五个方面。

1）三维展示，直观形象

通过 BIM 技术创建三维模型，结合渲染和漫游，可以给人以身临其境的感觉，让各参建方更直观地了解项目情况。

2）模拟施工，减少怠工

三维模型加上时间，模型被赋予时间属性，可以进行虚拟施工。随时随地、直观快速地将施工计划与实际进展进行对比，同时进行有效协同，减少建筑质量安全问题，减少返工和整改。

3）碰撞检查，优化施工

利用 BIM 三维技术在设计阶段就可以进行碰撞检查，改进设计方案，这样不仅可以减少在建筑施工阶段错误损失和返工的可能性，还可以优化净空，管线排布等。

4）算量准确，减少浪费

BIM 技术能快速准确地向相关各方提供一致的数据，所有数据实时更新，便于准确快速地统计工程进度和成本，为施工企业制订工作计划提供有效支撑，减少人力、物力、财力的浪费。

> **感悟思考**
>
> 通过学习 BIM 技术，使学生能够理解工程师科学、严谨、细致的职业精神和社会责任，自觉遵守建筑设计规范，培养节约工期、降低成本的职业意识。

5）数据共享，支持决策

BIM 项目的基础数据可以在各管理部门间进行协同和共享，可以根据时空维度、构件类型等汇总、拆分、对比分析工程量信息等，为决策者制订工程造价管理、进度款管理等方面的决策提供依据。

4. BIM 的相关软件介绍

目前市场上有很多种创建 BIM 模型的软件，其中比较有代表性的国外软件包括 Autodesk Revit 系列、PlanBar、基于 Dassault Catia 的 Digital Project（简称 DP）、Bentley Architecture 系列、Rhino 和 DRAPHISOFT ArchiCAD 等，国产 BIM 软件有广联达、鲁班、天正、品茗、红瓦、橄榄山等。我国应用最广、知名度最高的则是 Autodesk Revit 系列软件。

> **感悟思考**
>
> 将理论与实践相结合，学生可以认识到实践出真知，培养对工程项目建设过程的认知，以及不急不躁、由表及里、全面观察、科学客观的态度。

BIM 推动建筑行业数字化转型

随着信息技术的不断发展和智慧城市的产生，建筑行业也开始了数字化转型之路。在这个转型的过程中，BIM 技术是不可或缺的一环。BIM 是一种基于信息技术的建筑设计、建造、运营与管理的全过程数字化平台，通过数字化的方式模拟建筑物的各种维度信息，如设计信息、施工信息、操作信息以及维护信息等，实现建筑全生命周期信息化管理。

例如，中国国家大剧院是一座由三个巨大的建筑体组成的国际化文化交流中心。该项目使用 BIM 技术进行建筑设计和施工管理。采用 BIM 技术，可以准确地模拟建筑物的各种维度信息，并帮助工程师实现多种参数化设计和模拟分析，如建筑结构、声学性能、气流分布等。使用 BIM 技术，可以大大减少设计返工和施工问题，并提高施工效率和质量。另外，在建筑物运营和维护阶段，采用 BIM 技术，还可以帮助工程师进行设备维护、保养和能源管理等工作。

BIM 技术在建筑行业数字化转型中发挥着不可替代的作用。该技术可以提高建筑设计和施工的准确度和效率，从而节省成本和时间，并实现建筑全生命周期信息化管理。

成果巩固

选择题

1. （　　）是 BIM 的全称的正确描述。
   A. Building Information Model　　　　B. Building Information Modeling
   C. Building Information Management　　D. Building Information Manager

2. BIM 是以（　　）数字技术为基础，集成了建筑工程项目各种相关信息的工程数据模型，是对工程项目设施实体与功能特性的数字化表达。
   A. 二维　　　　B. 三维　　　　C. 四维　　　　D. 五维

3. BIM 技术起源于（　　）。
   A. 英国　　　　B. 德国　　　　C. 美国　　　　D. 法国

4. BIM 模型的（　　）特点，使施工过程中可能发生的问题，提前到设计阶段来处理，减少了施工阶段的反复，不仅节约了成本，更缩短了建设周期。
   A. 可视化　　　B. 协调性　　　C. 模拟性　　　D. 优化性

5. 下列关于 BIM 技术优势的描述中，不正确的是（　　）。
   A. BIM 包括建筑物全生命周期的信息模型
   B. BIM 包括建筑工程管理行业的模型
   C. BIM 技术已经得到广泛和深度的应用
   D. BIM 的出现可能引发整个建筑工程领域的第二次革命

联考拓展（"1+X" BIM 初级考试）

一、单项选择题

1. 【2019 年第一期】BIM 工程师的基本职业素质要求是（　　）。
   A. 职业道德　　　　　　　　B. 沟通协调能力
   C. 团队协作能力　　　　　　D. 以上都是

2. 【2019 年第二期】下列不属于 BIM 技术在设计阶段应用的是（　　）。
   A. 方案设计　　　　　　　　B. 施工图设计
   C. 初步设计　　　　　　　　D. 施工场地平面布置图设计

3. 【2020 年第一期】当前，可在 BIM 工具软件之间进行 BIM 数据交换的标准数据格式是（　　）。
   A. IFC　　　　B. LBIM　　　　C. GDL　　　　D. GTJ

4. 【2020 年第二期】BIM 技术和（　　）的结合完美地解决了可视化资产的监控、查询、定位管理。
   A. 大数据技术　B. 物联网技术　C. 互联网技术　D. VR 技术

5.【2020 年第二期】下列说法不正确的是（　　）。
   A. BIM=Building Information Modeling
   B. BIM 的中文意思是"建筑信息模型"
   C. BIM 是一个软件
   D. BIM 应用领域包含建筑、市政、土木等全部工程范畴

二、多项选择题

6.【2019 年第一期】作为一名 BIM 工程师，对待工作的态度应该是（　　）。
   A. 热爱本职工作　　　　　　　　B. 遵守规章制度
   C. 注重个人修养　　　　　　　　D. 我行我素
   E. 事不关己，高高挂起

7.【2019 年第二期】BIM 模型在不同平台之间转换时，下列（　　）选项的做法有助于解决模型信息的丢失问题。
   A. 尽量避免平台之间的转换
   B. 对常用的平台进行开发，增强其接收数据的能力
   C. 尽量使用全球统一标准的文件格式
   D. 禁止使用不同平台
   E. 禁止使用不同软件

8.【2022 年第一期】基于 BIM 技术的工程设计专业协调主要体现在（　　）。
   A. 在设计过程中通过有效且适时的专业间协同工作，避免产生大量的专业冲突问题
   B. 通过对 3D 模型的冲突进行检查、查找并修改，即冲突检查
   C. 基于协调平台，使各参与方能够进行及时的信息共享
   D. 基于三维可视化模型，可实现对设计成果的直观展示，减少不必要的沟通分歧
   E. 基于统一的建模标准，避免各参与方对模型应用产生的不同概念分歧

9.【2020 年第二期】下面不属于 BIM 建模软件的有（　　）。
   A. SketchUp　　　B. 3ds Max　　　C. Tekla
   D. Catia　　　　　E. Revit

10.【2020 年第二期】BIM 技术在工程管理中的优势包括（　　）。
   A. 降低成本　　B. 零风险　　　　C. 节约时间
   D. 提高质量　　E. 提高效率

答案

成果巩固

题号	1	2	3	4	5
选项	B	B	C	A	C

联考拓展

题号	1	2	3	4	5	6	7	8	9	10
选项	D	D	A	B	C	ABC	ABC	ABCE	AB	ACDE

任务 2　Revit 软件界面及基本操作

学习目标

认识 Revit 软件界面，掌握 Revit 的启动方法，能够新建项目，熟悉 Revit 的基本操作。

学习要求

知识要求：
1. 掌握 Revit 绘图界面及功能。
2. 了解复制、移动等基本编辑命令。

能力要求：
1. 能够启动 Revit，执行各项功能。
2. 能够调用项目浏览器及其属性功能。

进阶要求：
1. 能够举一反三，灵活运用软件功能。
2. 培养会学、乐学的态度。

任务准备

1. 打开 Revit 软件，尝试启动各项功能。
2. 简单浏览基本编辑命令。

任务导图

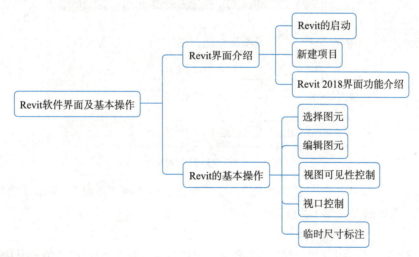

任务实施

1. Revit 界面介绍

1）Revit 的启动

双击桌面上的 Revit 快捷图标，或选择 Windows 界面左下方的"开始"→ Autodesk →

Revit 命令，都可以启动 Autodesk Revit。启动完成后，会显示欢迎界面，如图 1-1 所示。

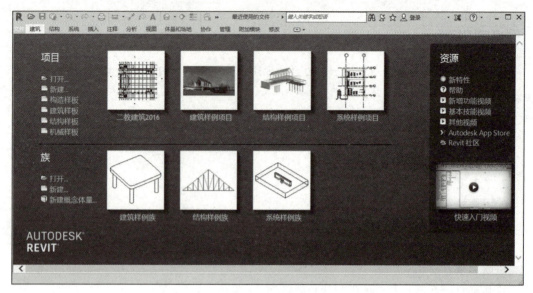

图 1-1　Revit 欢迎界面

在欢迎界面中，Revit 会分别按时间顺序依次列出最近使用的项目文件、族文件的缩略图和名称。

2）新建项目

在欢迎界面中选择"项目"→"新建"命令，弹出"新建项目"对话框，如图 1-2 所示。

Revit 软件操作界面

图 1-2　"新建项目"对话框

在"样板文件"中选择"建筑样板"，在"新建"中选择"项目"，单击"确定"按钮，进入 Revit 工作界面，如图 1-3 所示。

3）Revit 2018 界面功能介绍

（1）文件菜单。单击左上方的文件菜单，可以打开应用程序下拉菜单，其中包含"新建""打开""保存""另存为""导出"和"选项"等命令。右侧默认显示最近打开过的文档，如图 1-4 所示。

选择"保存"选项，可将对当前项目所做的修改进行保存，第一次执行"保存"时，将出现"另存为"对话框，用以确定项目名称和保存位置。

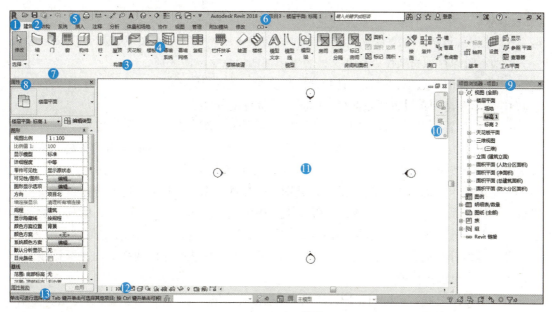

图 1-3　Revit 工作界面

1—文件菜单；2—选项卡；3—工具面板；4—功能按钮；5—快速访问工具栏；6—当前项目名称；7—选项栏；
8—属性面板；9—项目浏览器；10—视图导航栏；11—绘图区域；12—视图控制栏；13—状态栏

选择"另存为"选项，可将创建的文件另存为新的项目文件（".rvt"格式）或样板文件（".rte"格式）。

选择"导出"选项，可以将当前项目保存为其他格式，如 CAD 格式、IFC 格式、图像和动画等。

单击"选项"按钮，弹出"选项"对话框，如图 1-5 所示。

图 1-4　文件菜单

图 1-5　"选项"对话框

可以在"选项"对话框中设置以下内容。

- "常规"选项：设置保存自动提醒时间间隔、用户名、日志文件数量等。Revit 会自动定时保存项目文件，并在文件名中添加四位数字以便区别。
- "用户界面"选项：配置工具和分析选项卡，设置快捷键等。
- "图形"选项：设置背景颜色、临时尺寸标注的外观等。
- "文件位置"选项：设置项目样板文件、族样板文件、族库文件的位置等。

（2）快速访问工具栏。快速访问工具栏包含一组默认工具，是最常用的工具。单击其右侧的下三角按钮，可以自定义快速访问工具栏中包含的工具。

（3）选项卡、面板和功能按钮。分类别、分层次对 Revit 的所有功能进行组织，包括建筑、结构、系统、插入、注释、分析、体量和场地、协作、视图、管理、附加模块、修改等选项卡，可以通过单击选项卡其右侧的下三角按钮更改选项卡的显示方式。

将鼠标指针移动到某功能按钮上悬停，即可显示该功能按钮的快捷键和主要作用，若是联网，还会出现操作演示。

（4）项目浏览器。项目创建的楼层平面、立面、剖面、详图、三维视图、渲染、图纸、明细表和族库等内容，都会分门别类在"项目浏览器"中显示出来，以方便用户管理整个项目资源。双击视图名称即可打开视图。

（5）属性面板和选项栏。属性面板用于显示当前选中图元的所有属性，也可以对当前图元的属性进行设置和修改。

选项栏位于选项卡下方，如果在执行某项功能时需要设置选项，则自动激活，平时为空白。有些图元的属性比较多，在选中这些图元时，一些常用属性也会在选项栏中出现，只设置一次即可。

★说明：在操作过程中，有可能无意中将项目浏览器、属性面板关闭，要再次显示，须选择"视图"→"窗口"→"用户界面"选项，可看到"项目浏览器"和"属性"面板等用户界面的设置，勾选表示显示，取消勾选将不显示。另外，项目浏览器和属性面板都具有窗口性质，除了可以关闭，还可以通过拖动来移动其位置，用户可以根据自己的习惯和屏幕大小进行调整。当将"项目浏览器"和"属性面板"的一半移出屏幕时，软件将自动将其吸附到 Revit 主窗口上。

（6）绘图区域。这是主要的工作区域，用于显示、编辑当前模型。当前编辑的模型不在绘图区域中显示时，可双击鼠标滚轮实现全屏显示。当显示的模型过大或过小时，也可以用此操作解决。在三维模式下按住鼠标滚轮移动鼠标，可以调整模型显示的位置；同时按住 Shift 键和鼠标滚轮，可以任意旋转视图中的模型；向上滚动鼠标滚轮，可以放大显示视图，向下滚动鼠标滚轮，可以缩小显示视图。

（7）视图导航栏。Revit 提供了多种视图导航和控制工具，可对视图进行放大、缩小、平移、旋转、隐藏、隔离等操作，以方便使用者看到想要的内容。

（8）视图控制栏。视图控制栏位于绘图区域下方，单击视图控制栏中的相关按钮即可进行相应的设置，包括设置视图比例、详细程度、视觉样式、日照路径、显示裁剪区域、临时隐藏/隔离图元等功能。

其中，"临时隐藏/隔离"功能较多，"隐藏图元"将选中的图元在当前视图中隐藏，"隐藏类别"将选中类别的图元在当前视图中全部隐藏，"隔离图元"将选中图元之外的其他图元全部隐藏。"隔离类别"是指将当前视图中其他类别的图元全部隐藏，只显示指定类别的图元。"重设临时隐藏/隔离"将恢复原来的显示。"将隐藏/隔离应用到视图"，则变成一个永久性的隐藏。"显示隐藏的图元"可以将永久隐藏的图元以红色的边框显示出来，右击弹出快捷菜单，可以取消隐藏。

（9）状态栏。状态栏位于屏幕左下方，可以显示模型当前的状态。如果正在执行某项功能，则显示下一步将要进行何种操作。

2. Revit 的基本操作

1）选择图元

对任何图元的修改和编辑都要先选择图元，在 Revit 中，选择图元的方式有如下几种。

（1）选择单个图元：单击图元即可选中。

（2）选择多个图元：按住 Ctrl 键不放，鼠标指针会变成带有"＋"的形状，再单击其他图元，可在选择集中添加图元；按住 Shift 键不放，鼠标指针会变成带有"－"的形状，再单击已选择的图元，可将该图元从选择集中去除。

（3）框选一个区域内的图元：分为两种情况，一是从区域左上角开始按住鼠标左键不放，拖动鼠标指针到区域的右下角，会出现一个实线选择框，所有被实线选择框完全包围的图元被选中；二是从区域右下角按住鼠标左键不放，拖动鼠标指针到区域的左上角，会出现一个虚线选择框，所有包含在框内的对象以及与虚线相交的对象都将被选中。

（4）选择一类图元：单击选中一个图元，右击，弹出快捷菜单，选择"选择全部实例"→"在视图中可见"或"在整个项目中"，该视图或整个项目中相同类型的图元将被选中。

（5）过滤器：使用框选功能会选中框内所有图元，若某几类图元不需要被选中，可以使用"过滤器"功能过滤掉这类图元。

2）编辑图元

在模型绘制过程中，经常需要对图元进行编辑和修改。Revit 的"修改"面板中提供了大量的图元修改和编辑工具，包括"对齐""复制""移动""镜像""旋转""锁定""修剪"等编辑命令。对于"对齐"和"修剪"编辑命令，先执行命令后，再选择图元进行编辑。对于其他编辑命令，均需要先选中图元，再执行命令。下面列举几个常用编辑命令的用法。

（1）对齐：调整图元的位置，用于将图元与模型中的线对齐。操作步骤是先单击目标位置的线，再单击拟对齐的图元。在选项栏中将"多重对齐"打钩，可以重复对齐多个图元。

（2）复制：用于图元在模型中的复制。操作步骤是先选中拟复制的图元，执行"复制"命令，再单击复制的参照基点（该基点可以在图元上，也可以不在图元上），最后单击目标位置，完成图元复制。在选项栏中将"多个"打钩，可以重复复制多次。在鼠标移动过程中，Revit 将显示临时尺寸标注，提示鼠标指针当前位置与参照基点的距离，可使用键盘输入数字，将其作为复制的距离，按 Enter 键确认，即可完成复制操作。

（3）移动：用于图元在模型中的移动。操作步骤是先选中拟移动的图元，执行"移动"命令，再单击移动的参照基点（该基点可以在图元上，也可以不在图元上），最后单击目标位置，完成图元移动。在鼠标移动过程中，Revit 将显示临时尺寸标注，提示鼠标指针当前位置与参照基点的距离，可使用键盘输入数字，将其作为移动的距离，按 Enter 键确认，即可完成移动操作。

（4）镜像：用于将图元对称复制或移动到对称轴的另一侧。操作步骤是先选中拟镜像的图元，执行"镜像"→"拾取轴或绘制轴"命令，再单击对称轴线，完成镜像复制。如果将选项栏中的"复制"取消勾选，则实现图元的对称移动。若模型中存在对称轴，则使用"拾取轴"命令，若模型中不存在对称轴，则使用"绘制轴"命令，镜像过程中多一步绘制对称轴的操作。

（5）旋转：用于将图元旋转一定的角度。操作步骤是先选中拟旋转的图元，执行"旋转"命令，在图元上出现一个旋转基点和射线，可以用鼠标指针拖动来调整基点的位置，再引出射线，单击旋转开始的位置，移动鼠标指针至旋转结束的位置，单击完成旋转。也可直接使用键盘输入角的旋转度数确定结束位置。

（6）锁定：用于锁定图元，以免被误修改或删除。一般来说，标高和轴网创建完成并检查无误后，一定要将其锁定。操作步骤是选中拟锁定的图元，执行"锁定"命令，完成锁定，图元上会出现一个锁定的图标。此时再编辑或删除该图元时，系统右下方会出现警告提示："锁定对象未删除，若要删除，请先将其解锁，然后再使用删除"，只有解锁后才能编辑或删除该图元。

3）视图可见性控制

在"视图"选项卡的"图形"面板中选择"可见性/图形"选项，打开"可见性/图形"对话框。在此对话框中，可以控制不同类别的图元在绘图区域中的显示可见性，包括模型类别、注释类别、分析模型类别等图元。勾选相应的类别，即可在绘图区域中可见该类别图元，不勾选即为隐藏该类别图元。

4）视口控制

在 Revit 中，所有平面、立面、剖面、详图、三维、明细表、渲染等视图都可以同时打开，在设计过程中经常要在打开的视图间来回切换，或者同时显示几个视口，以便于编辑操作或观察设计细节，此时可以使用在"视图"选项卡"窗口"面板中的相应命令来实现。

5）临时尺寸标注

单选图元后，会出现一个蓝色高亮显示的标注，该标注即为临时尺寸标注。单击数字，即可修改图元的位置，拖曳标注两端的基准点，即可修改标注的起始位置。

科学、严谨、细致的工匠精神

在当前经济快速发展的阶段，一些企业盲目追求短平快，导致建筑物没有达到该有的品质需求。传统的建筑业面临两大问题：一是数据创建、计算、分析、管理和共享困难；二是协同困难。BIM 的出现，解决了这两大难题，同时提供实现精细化管理的方法。

我们需要克服浮躁的情绪，借鉴国外成熟的模式流程和标准规范，形成本土化的标准，不眼高手低地寻求"高大上"的效果，以"工匠精神"从基础做起，通过运用 BIM 技术对指定项目进行绿色建筑设计、室内设计、施工图设计、投标报价、进度计划编制，保证信息数据的精确无误。

成果巩固

选择题

1. Revit 项目文件的扩展文件名为（　　）。
   A. .rvp　　　　　B. .rvt　　　　　C. .rfa　　　　　D. .rft
2. 在以下 Revit 用户界面中可以关闭的界面为（　　）。
   A. 绘图区域　　　B. 项目浏览器　　C. 功能区　　　　D. 视图控制栏
3. 可以对视图进行放大、缩小、平移、旋转、隐藏、隔离等操作的是（　　）。
   A. 视图导航栏　　B. 项目浏览器　　C. 属性面板　　　D. 功能区
4. Revit 属性包含类型属性和（　　）属性。
   A. 类别　　　　　B. 族　　　　　　C. 类型　　　　　D. 实例
5. 视图详细程度不包括（　　）。
   A. 精细　　　　　B. 粗略　　　　　C. 中等　　　　　D. 一般

联考拓展（"1+X" BIM 初级考试）

一、单项选择题

1.【2019 年第一期】可以控制显示边缘的模型显示样式是（　　）。
   A. 线框　　　　　B. 隐藏线　　　　C. 真实　　　　　D. 一致的颜色
2.【2019 年第一期】Revit 高低版本和保存项目文件之间的关系是（　　）。
   A. 高版本 Revit 可以打开低版本项目文件，并只能将其保存为高版本项目文件
   B. 高版本 Revit 可以打开低版本项目文件，可以将其保存为低版本项目文件
   C. 低版本 Revit 可以打开高版本项目文件，并只能将其保存为高版本项目文件
   D. 低版本 Revit 可以打开高版本项目文件，可以将其保存为高版本项目文件
3.【2020 年第一期】下列不属于 BIM 核心建模软件的是（　　）。
   A. Lumion　　　　B. Revit　　　　C. Bentley　　　　D. ArchiCAD
4.【2020 年第一期】在 Revit 项目视图显示中，以下（　　）显示样式的显示效果更接近实际项目表现。
   A. 线框　　　　　B. 着色　　　　　C. 一致的颜色　　D. 真实
5.【2020 年第二期】在 Revit 中，"图纸"命令位于（　　）。
   A. "常用"选项卡　　　　　　　　　B. "插入"选项卡
   C. "注释"选项卡　　　　　　　　　D. "视图"选项卡

二、多项选择题

6.【2019 年第一期】BIM 设计过程中，专业内部及专业间的协同贯穿于整个设计过程，Revit 软件设计协同的方式有（　　）。
   A. 链接　　　　　B. 工作集　　　　C. 拆分
   D. 链接+工作集　E. 导入
7.【2019 年第二期】Revit 可以直接打开的文件格式有（　　）。
   A. DWG　　　　　B. RVT　　　　　C. RFA

D. MAX E. NWC

8.【2020年第一期】下列 BIM 软件中，用于浏览模型为主的有（　　）。
　　A. Revit　　　　B. ArchiCAD　　　　C. Navisworks
　　D. Fuzor　　　　E. Lumion

9.【2020年第二期】Revit 视图中"属性"面板的"规程"参数中包含的类型有（　　）。
　　A. 建筑　　　　B. 结构　　　　C. 电气
　　D. 暖通　　　　E. 给排水

10.【2020年第二期】一般建立项目样板需要做的工作有（　　）。
　　A. 确定项目文档命名规则
　　B. 确定构件命名规则
　　C. 确定族的命名规则
　　D. 确定视图命名规则
　　E. 确定构件类型命名规则

答案

成果巩固

题号	1	2	3	4	5
选项	B	B	A	D	D

联考拓展

题号	1	2	3	4	5	6	7	8	9	10
选项	C	A	A	D	D	ABD	BC	CDE	ABC	ABCD

模块 2　建筑建模及表现

任务 3　创建教学楼标高轴网

通过学习本任务，独立掌握教学楼标高轴网识图方法及 Revit 中标高轴网的绘制方法，能够按照规范要求编辑修改标高轴网。

知识要求：
1. 掌握教学楼识图基本步骤。
2. 掌握标高轴网绘制方法。
3. 掌握标高轴网属性编辑方法。
4. 掌握复制基本命令。

能力要求：
1. 能够在某楼层立面建立实际项目的标高，并进行合理编辑修改。
2. 能够在某楼层平面建立实际项目的轴网，并进行合理编辑修改。
3. 能够按项目要求对教学楼标高轴网进行优化锁定。

进阶要求：
独立进行复杂标高、轴网的绘制及编辑修改。

任务准备

教学楼图纸识读，精确建筑定位，确定标高、轴网各项数值，并填入表 2-1。

表 2-1　数据

数　据	数值 / mm	备　注
主要标高高度		自室外地坪至屋顶
水平轴网间距		由左到右
垂直轴网间距		自下而上

任务导图

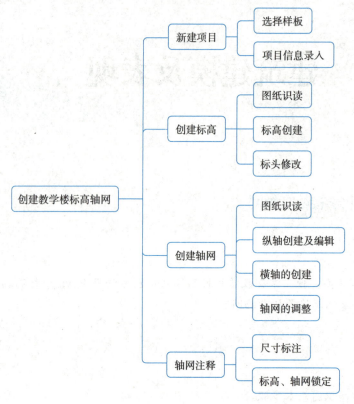

任务实施

1. 新建项目

1）选择样板

双击 Autodesk Revit 图标，弹出 Revit 欢迎界面，如图 2-1 所示。

图 2-1 Revit 欢迎界面

新建项目及
信息录入

选择"项目"→"新建"命令,弹出"新建项目"对话框,如图 2-2 所示。在"样板文件"中选择"建筑样板",在"新建"中选择"项目",单击"确定"按钮,进入 Revit 工作界面。

图 2-2 "新建项目"对话框

2)项目信息录入

选择"管理"→"设置"→"项目信息"命令,进入"项目属性"对话框,如图 2-3 和图 2-4 所示。在该对话框中直接输入属性值,进行项目信息设置,其中单击"项目地址"右侧的按钮,可对其进行更改。

图 2-3 "项目信息"命令

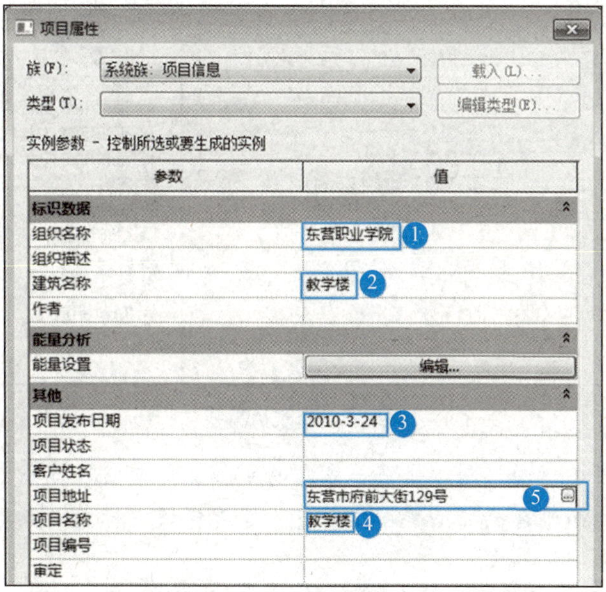

图 2-4 "项目属性"对话框

2. 创建标高

1)图纸识读

根据建筑立面 CAD 图纸可知,本建筑物无地下部分,分 A、B 两座对称结构,主体五层、连廊三层,建筑自室外地坪到屋面的标高值依次是 –0.450m、

创建标高

±0.000m、4.200m、8.400m、12.600m、16.800m、21.000m。标高可直接绘制，也可以通过复制或阵列的方式创建。

★说明：直接绘制的标高会自动生成该标高对应的平面视图，复制创建的标高不会自动生成平面视图，需手动添加平面视图。

2）标高创建

新建项目后，在"项目浏览器"→"立面（建筑立面）"中双击"南"，打开南立面视图。单击绘图区域标高 2 中的标高值 4.000，直接修改为 4.200 即可，如图 2-5 所示。

> **感悟思考**
>
> BIM 设计中"失之毫厘"就可能"差之千里"，一旦信息错漏会导致工程的巨大损失。通过学习引导学生在未来工作岗位上，要先做人再做事。

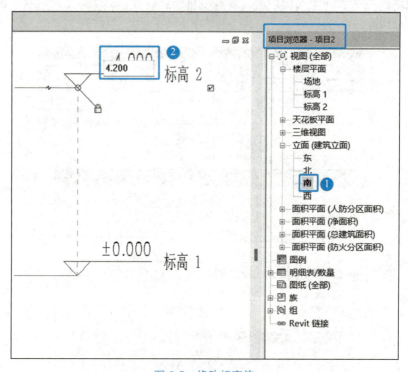

图 2-5 修改标高值

★说明：可以在东、西、南、北任一方向的立面视图中创建标高，但根据习惯，一般选择在建筑物的主立面或者南立面视图中创建。建筑样板中标高以米为单位，临时尺寸线数值以毫米为单位。

单击标高 2，选择"修改"→"复制"命令，在选项栏中勾选"约束""多个"，单击标高 2 以确定复制的起点，向上移动鼠标指针，输入 4200，按 Enter 键；鼠标指针继续向上移动，依次输入四次 4200，按 Enter 键，连续创建其他标高，如图 2-6 所示。同理，–0.450m 标高由 ±0.000m 标高复制而来。

★说明：执行命令时，状态栏会提供有关要执行的操作的提示，应注意观察。

最终完成教学楼标高创建，如图 2-7 所示。

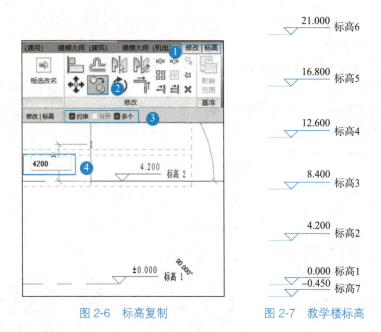

图 2-6　标高复制　　　　　图 2-7　教学楼标高

★**说明**：软件可自动生成标高编号，如果绘制过程中因出现顺序问题或者误操作而造成编号不连续时，可不必处理，等标高全部绘制完成后统一修改。

打开"项目浏览器"中的"楼层平面"，现在只有标高 1、2 两个平面视图，选择"视图"选项卡下创建面板中的"平面视图"命令，选择"楼层平面"选项，并在"新建楼层平面"对话框中将所有楼层标高选中，如图 2-8 所示。单击"确定"按钮，"项目浏览器"中"楼层平面"下将显示所有标高，如图 2-9 所示。

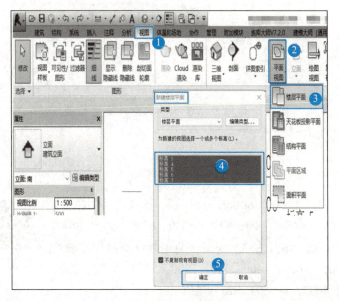

图 2-8　楼层平面创建　　　　　图 2-9　生成所有标高

在"项目浏览器"中分别右击平面视图中的标高 1～标高 7，选择"重命名"，将标高 7 重命名为室外地坪，将标高 1～标高 5 分别重命名为 1～5 层，将标高 6 重命名为楼顶，也可以在立面视图中单击并直接修改标高名称，此时平面视图名称也随之修改。

★说明：在重命名过程中，系统会提示"是否希望重命名标高和视图？"，选择"是"，此时"项目浏览器"中的平面视图名称和立面视图中的标高名称将同时修改，以保持一致性。

重新命名后的项目浏览器和模型标高如图 2-10 所示。

3）标头修改

选中室外地坪标高，在左侧"属性"面板的下拉菜单中选择"下标头"，修改标高标头样式，如图 2-11 所示。

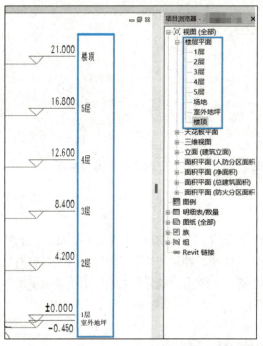

图 2-10　重新命名后的项目浏览器和模型标高

图 2-11　标头样式修改

> **感悟思考**
> 从视图合理布局中引导学生大局观和全局意识，培养学生图做事要精益求精。

3. 创建轴网

1）图纸识读

根据建筑平面图可知，纵向轴线 14 条，轴号为 ①～⑭，轴线之间间距分别为 4400、3600、4400、3600、3000、5000、8000、8000、8000、8000、8000、4000、4000，单位为 mm。水平向轴线 16 条，轴号为 Ⓐ～Ⓡ，字母 I 和 O 不能作为轴号，轴线之间间距分别为 8000、3000、6600、1400、310、7200、3300、8400、3300、7200、310、1400、6600、3000、8000，单位为 mm。

创建轴网

> **感悟思考**
> 深刻体会从零到有的量变过程，培养学生创新思维，增加学习积极性。

2）纵轴创建及编辑

在"项目浏览器"中"楼层平面"下双击"1层"进入平面视图，出现四个立面视图的标志，轴网要创建在四个立面视图的范围内，如图2-12所示。

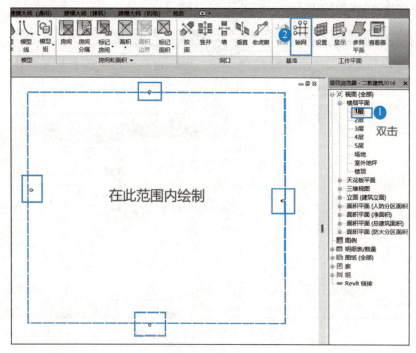

图 2-12　创建轴网

先创建纵轴，选择"建筑"→"轴网"命令，弹出"修改|放置 轴网"选项卡。选取直线方式绘制轴网，在立面范围的左上角单击输入轴网起点，再向正下方移动，注意保持90°垂直，单击输入轴网终点，创建轴线①，如图2-13所示。

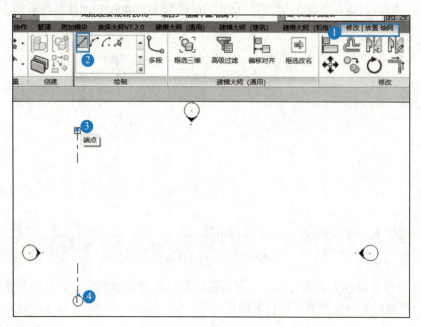

图 2-13　创建轴线①

★**说明**：在轴网创建过程中，按住 Shift 键可保证轴线垂直。

新创建的轴线中间是断开的，轴号只有一个，可以对轴线的属性进行修改。单击轴线①，弹出轴网"属性"面板；单击"编辑类型"按钮，弹出轴网参数设置对话框，如图 2-14 所示。按图所示内容修改轴网的属性。

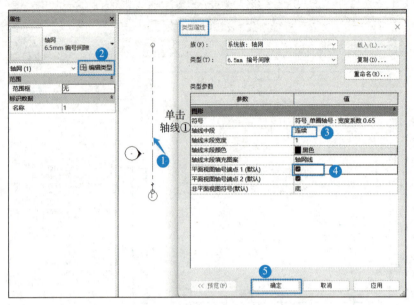

图 2-14 轴网参数设置对话框

其余纵轴一般采用复制的方式进行创建，复制方式与标高类似。单击轴线①，选择"修改"→"复制"命令，再单击轴线①以确定复制的起点，在选项栏中勾选"约束""多个"，向右移动鼠标指针，出现临时尺寸线，在临时尺寸变为 4400 时单击鼠标创建轴线②，也可以直接输入 4400 再按 Enter 键进行创建。继续向右移动鼠标指针，依次输入 3600、4400、3600、3000、5000、8000、8000、8000、8000、8000、4000、4000，创建其他纵轴，如图 2-15 所示。

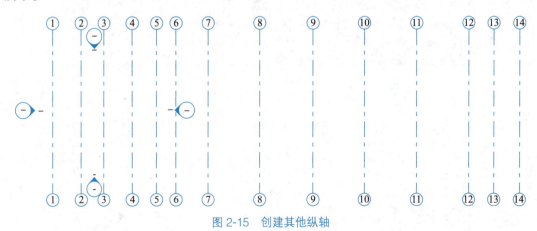

图 2-15 创建其他纵轴

由于该项目体量较大，北、南、东立面视图符号出现在轴网中，需要将其移动到轴网的右外侧，框选后直接拖动到相应位置即可。

★说明：立面视图符号是由立面和视图两部分组成的，移动时，需要将两者都选中。方法为从左上到右下框选选中立面视图符号，当视图符号亮显后，按住鼠标左键直接拖动到相应位置，切勿点选拖动。

> **感悟思考**
>
> 轴网的创建须认真细致，培养学生严谨、专注的工作态度，以及对职业的认同感、荣誉感和使命感。

3）横轴的创建

选择"建筑"→"轴网"命令，弹出"修改|放置 轴网"选项卡。选取直线绘制方式，在立面范围的左下角单击鼠标，再向正右方移动，注意保持90°垂直，在⑭轴右侧再单击鼠标，创建第1条横轴，如图2-16所示。

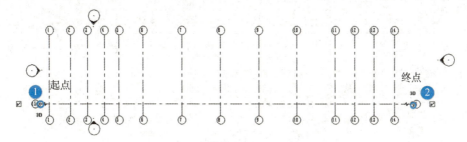

图2-16 创建第1条横轴

第1条横轴自动编号是15，用鼠标滚轮放大轴号，单击15，将其修改为大写字母A。

其余横轴采用复制的方式进行创建，复制方式与纵轴类似。单击轴线Ⓐ，选择"修改"→"复制"命令，再单击轴线Ⓐ以确定复制的起点，在选项栏中勾选"约束""多个"，向上移动鼠标指针，出现临时尺寸线，在临时尺寸变为8000时单击创建轴线Ⓑ，也可以直接输入8000再按Enter键进行创建。继续向上移动鼠标指针，依次输入3000、6600、1400、310、7200、3300、8400、3300、7200、310、1400、6600、3000、8000，创建其他横轴，如图2-17所示。

4）轴网的调整

新生成的轴网存在一些问题，包括横轴编号中有字母I和O，纵轴、横轴没有完全交叉，轴号重叠，立面视图处在轴网中间等，需要进行修正。

单击轴号P，修改为R。用同样的方法分别将O修改为Q，N修改为P，M修改为N，L修改为M，K修改为L，J修改为K，I修改为J，其余轴号不变。

放大视图，单击轴线①，轴号下方出现一个小圈，按住小圈向上移动轴线，将轴线延长到合适位置。在其他三个方向上，也可以采用此办法延长或缩短轴线，如图2-18所示。

轴线Ⓓ、Ⓔ、Ⓕ和Ⓚ、Ⓛ、Ⓜ的间距较小，造成了轴号压盖，如图2-19（a）所示。单击轴线Ⓓ，轴号Ⓓ右侧出现一个折断线，如图2-19（b）所示。

单击折断线，可以使轴号Ⓓ向下弯折，同时，拖曳蓝点可将其调整至合适位置，与轴号Ⓔ不再压盖，单击轴线Ⓕ的折断线并调整蓝点。可以用同样的方法处理其他压盖的轴号，最终形成的轴网，如图2-20所示。

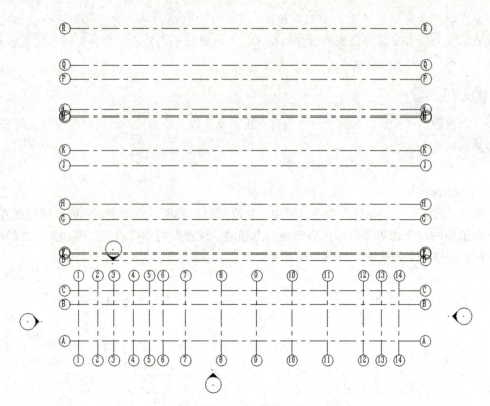

图 2-17 创建其他横轴

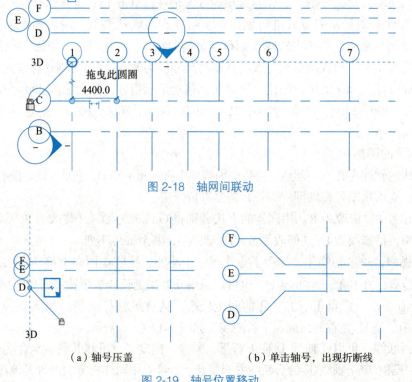

图 2-18 轴网间联动

（a）轴号压盖　　　　　　　（b）单击轴号，出现折断线

图 2-19 轴号位置移动

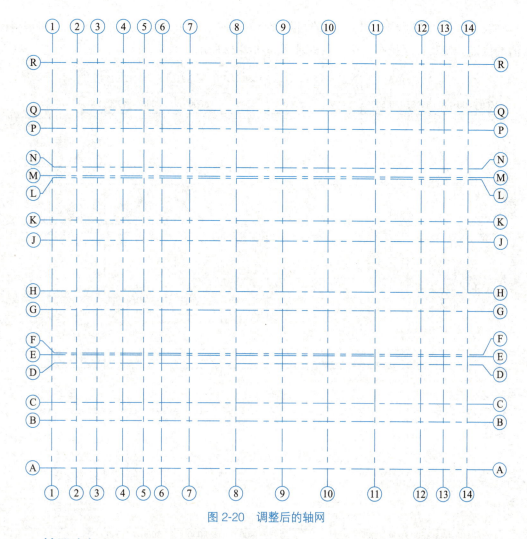

图 2-20 调整后的轴网

4. 轴网注释

1）尺寸标注

创建完成轴网之后，须对各轴线间的距离进行标注，并与图纸进行核对，以免基准创建错误，为以后的模型创建带来隐患。

选择"注释"→"对齐"命令，在轴号附近依次单击①～⑭号轴线，最后在空白处单击，完成纵轴的注释；再依次单击Ⓐ～Ⓡ号轴线，最后在空白处单击，完成横轴的注释。如图 2-21 所示，选中注释后，每个数值下方都有一个浅蓝色小点（图中箭头所指）。

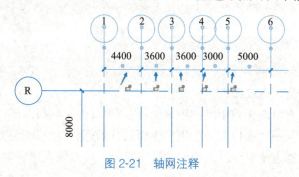

图 2-21 轴网注释

轴线 Ⓓ、Ⓔ、Ⓕ 和 Ⓚ、Ⓛ、Ⓜ 的间距较小，造成了注释压盖。拖动小蓝点，移动标注数值的位置，使其合理排布，标注后的轴网如图 2-22 所示。

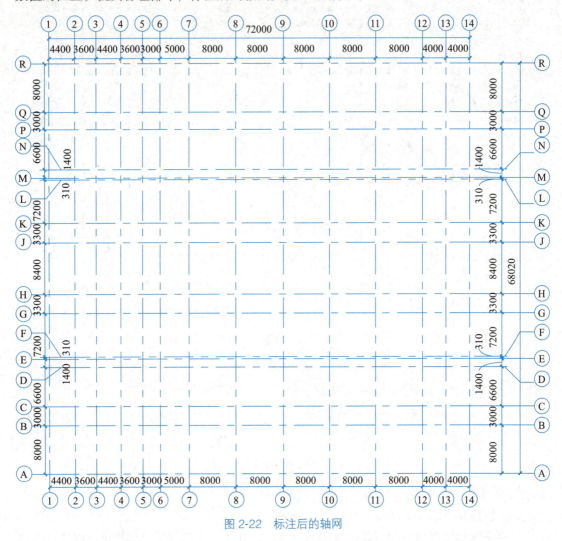

图 2-22　标注后的轴网

2）标高、轴网锁定

标高、轴网创建完成后，在平面视图中框选所有轴网，在"修改"面板中单击"锁定符号" 进行锁定，如图 2-23 所示。再切换到立面视图，框选所有标高，在"修改"面板中单击"锁定符号" 进行锁定。

★说明：图元锁定后，禁止改变图元位置和删除图元，为后续工程的精准进行做准备。

实操答疑

1. 项目浏览器、属性面板丢失。

在操作过程中，有可能无意中将"项目浏览器""属性"面板关闭，重新显示的操作方法如下：选择"视图"→"窗口"→"用户界面"，可看到"项目浏览器"和"属性"面板等用户设置界面，勾选表示显示，取消勾选将不显示。可以依次进行各项勾选或取消勾选，

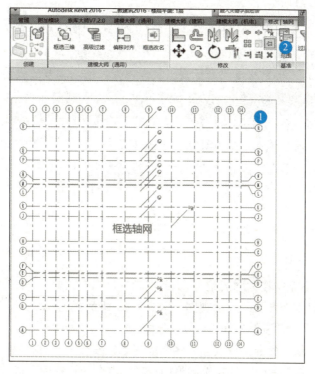

图 2-23　锁定轴网

以认识相应的面板和工具。

2. 绘图界面丢失。

当前编辑的模型不在绘图区域中显示时,可以通过双击鼠标滚轮实现全屏显示。当显示的模型过大或过小时,也可以用此操作解决。

3. 绘图界面如何旋转等命令?

可以通过视图导航栏对视图进行放大、缩小、平移、旋转、隐藏、隔离等操作,也可以在三维模式下通过按住鼠标滚轮移动鼠标指针来调整模型显示位置,同时按住 Shift 键和鼠标滚轮,可以任意旋转视图中的模型,从不同角度进行观察。

> **感悟思考**
>
> 学生应在实践操作中理解工程师科学、严谨、细致的职业精神和社会责任,明确工程师的职业目标。

> **千里之行,始于足下**
>
> 今天,大家在老师的指导下,进行了信息世界与建筑的一次联通。建筑信息模型的建立与应用是对我们之前所学专业知识的综合应用,也是编织我们建筑人生的开始。
>
> 我国古语有云:千里之行,始于足下。故不积跬步,无以至千里;不积小流,无以成江海。意思是事情要从头做起,从点滴的小事做起,逐步进行,才能有所成。很多同学在标高轴网的创建过程中,不在意定位的准确性,或者没有锁定尺寸,殊不知

一步错，步步错，等完成整体建筑后，发现起步时的小错误足以致使全盘返工。积跬步，方能至千里。

一个建筑物的一生是从定位的标高、轴网中开始的。本节实操的教学楼就是为以后做复杂实际工程模型做铺垫。在今后的学习中，肯定会遇到各种各样的建模问题，但只要主动迈开步伐，解决困难，通过网络、教师及同学之间的探讨来解决问题，你就会发现其中的乐趣所在。人生也正如此，做事脚踏实地，一步一个脚印，不怕挫折。希望大家不忘初心，逐渐累积后必能学有所成，最终成为自己心中期待的"行业大家"。

成果巩固

选择题

1. 以下视图中不能创建轴网的是（　　）。
   A. 剖面视图　　　B. 立面视图　　　C. 平面视图　　　D. 三维视图
2. 如何进行"多个"复制？（　　）
   A. 选择"复制"命令，依次输入多个复制的数值
   B. 选择"复制"命令，并在选项栏中选择"多个"复选框，进行多个复制
   C. Revit 无法进行多个复制
   D. 以上都不对
3. 以下（　　）图元不属于定位图元。
   A. 标高　　　　　B. 轴网　　　　　C. 参照平面　　　D. 尺寸标注
4. Revit 中创建第一个标高 1F 之后，复制 1F 标高到上方 3900mm 处，生成的新标高名称为（　　）。
   A. 2F　　　　　　B. 1G　　　　　　C. 2G　　　　　　D. 以上都不对
5. 如何在 Revit 中重新命名标高、轴网？（　　）
   A. 使用"重命名"工具
   B. 单击轴网名称并输入新名称
   C. 在项目设置中找到轴网并更改名称
   D. 只能在创建轴网时指定名称

联考拓展（"1+X" BIM 初级考试）

一、选择题

1.【2019年第一期】下列各类图元中，属于基准图元的是（　　）。
   A. 标高　　　　　　　　　　　　　B. 楼梯
   C. 天花板　　　　　　　　　　　　D. 楼板
2.【2020年第二期】"标高"命令可用于（　　）。
   A. 平面图　　　　　　　　　　　　B. 立面图
   C. 透视图　　　　　　　　　　　　D. 以上都可以

3.【2021 年第二期】以下有关调整标高位置最全面的是（   ）。
   A. 选择标高，出现蓝色的临时尺寸标注，单击尺寸修改其值可实现
   B. 选择标高，直接编辑其标高值
   C. 选择标高，直接用鼠标指针将其拖曳到相应的位置
   D. 以上皆可

4.【2022 年第四期】实现轴线的轴网标头偏移的方法为（   ）。
   A. 选择该轴线，修改类型属性的设置
   B. 单击标头附近的折线符号，按住"拖曳点"即可调整标头位置
   C. 以上两种方法都可以
   D. 以上两种方法都不可以

5.【2023 年第一期】定义平面视图主要范围的平面不包含（   ）。
   A. 顶部平面　　　　B. 底部平面　　　　C. 剖切面　　　　D. 标高平面

二、绘图题（中国图学学会 BIM 技能一级考试第三期第一题）

绘制标高、轴网：某建筑共 50 层，其中首层地面标高为 ±0.000m，首层层高 6.0m，第二层至第四层层高均为 4.8m，第五层及以上层高均为 4.2m。（扫描二维码查看图纸）

（1）请按要求建立项目标高，并建立每个标高的楼层平面视图。
（2）请按照平面图的轴网要求绘制项目轴网。
（3）最终结果以"标高轴网 + 姓名"为文件名保存为项目文件。

绘图题资源

 答案

成果巩固

题号	1	2	3	4	5
选项	D	B	D	B	B

联考拓展

题号	1	2	3	4	5
选项	A	B	D	B	D

任务 4　创建教学楼一层墙体及楼板

独立掌握教学楼墙体、楼板识图技能以及 Revit 中墙体、楼板的绘制方法。

知识要求：
1. 掌握墙族的基本类型。
2. 掌握 Revit 中墙体的分层。
3. 掌握墙体、楼板的绘制方法。

能力要求：

1. 能够识读平面图。
2. 能够设置墙体、楼板的材质。
3. 能够在某楼层平面建立墙体，并进行合理的编辑修改。
4. 能够在某楼层平面建立楼板，并进行合理的编辑修改。

进阶要求：

能够进行叠层墙的设置和创建。

任务准备

教学楼图纸识读，确定墙体、楼板各项数值。

（1）本项目中墙体共有三种类型，厚度分别是多少？（见表2-2）

表2-2 墙体类型、厚度及材质

墙体类型	材质（由外向内）
教学楼外墙（240mm）	20mm 面砖、5mm 抹面胶砂、30mm 挤塑聚苯板、20mm 聚合物水泥砂浆、160mm 加气混凝土（结构层）、5mm 白色涂料
教学楼内墙（240mm）	5mm 白色涂料、230mm 加气混凝土（结构层）、5mm 白色涂料
教学楼阳台围墙（200mm）	5mm 白色涂料、190mm 加气混凝土（结构层）、5mm 白色涂料

（2）本项目中楼板厚度是多少？

任务导图

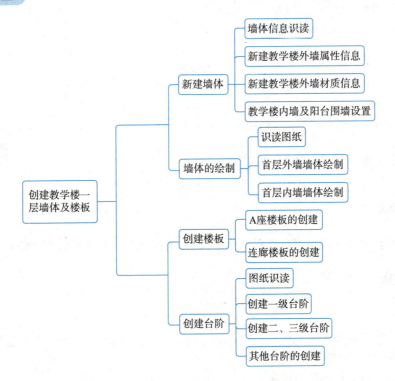

1. 新建墙体

1）墙体信息识读

由教学楼立面图可知，本项目中墙体共有三种类型，外墙有两种类型，内墙有一种类型，分别为240mm厚教学楼外墙，200mm厚教学楼阳台围墙，240mm厚教学楼内墙。

新建墙体

2）新建教学楼外墙属性信息

下面以240mm厚教学楼外墙为例说明属性设置步骤。

选择"建筑"→"墙"→"墙：建筑"命令，选择墙体类型"基本墙：常规 –200mm"，单击"编辑类型"按钮，在"类型属性"对话框中单击"复制"按钮，输入类型名称为"教学楼外墙240"，单击"确定"按钮，关闭对话框，如图2-24所示。再单击"类型参数"中的"编辑"按钮，打开"编辑部件"对话框，如图2-25所示，在"编辑部件"对话框中单击"插入"按钮插入五个新层。新插入层的默认"功能"为结构、材质为<按类别>、厚度为0，按图2-25所示将"功能"调整为面层1、衬底、保温层/空气层等，并设置相应的厚度，再使用"向上""向下"按钮将面层1、衬底、保温层等调至适当位置。

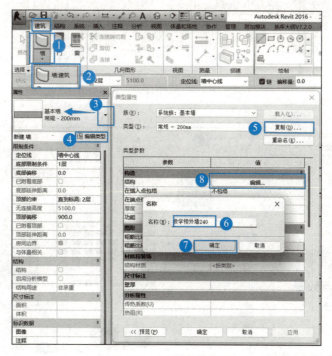

图2-24 新建教学楼外墙

3）新建教学楼外墙材质信息

设置好各层功能和厚度之后，就要对各层的材质进行设置。面层1［4］材质定义如下：在第1行"面层1［4］"的"材质"单元格中"<按类别>"的右侧单击"浏览"按钮，弹出"材质浏览器 - 面砖"对话框。在该对话框的左下方选择"新建材质"，然后将其重命名为"面砖"。选中"面砖"，单击右侧"外观"选项卡中的"颜色"，将其设定为"RGB

172 98 44",在"图形"选项卡中,勾选"使用渲染外观",单击"确定"按钮,完成"面砖"材质设置,如图 2-26 和图 2-27 所示。可按此方法设置白色涂料层颜色,将颜色设置为白色(RGB 255 255 255),其他层材质采用默认值即可。

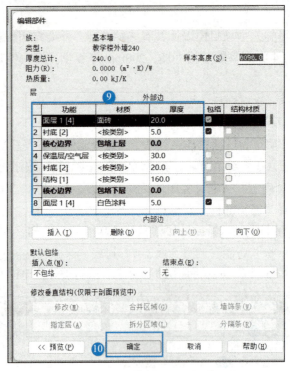

图 2-25 "编辑部件"对话框

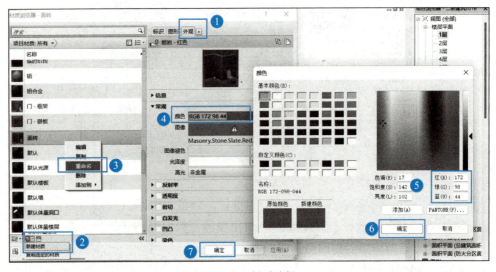

图 2-26 材质选择

★说明:材质赋予可先在"材质浏览器"左上方搜索关键字,若有此材质,直接双击选中该材质,即可将材质赋予。

图 2-27　渲染外观

4）教学楼内墙及阳台围墙设置

按上述的方法设置 240mm 厚教学楼内墙、200mm 厚教学楼阳台围墙的属性,将白色涂料层颜色设置为白色(RGB 255 255 255),其他层均不需要设置颜色,采用默认值即可,如图 2-28 和图 2-29 所示。

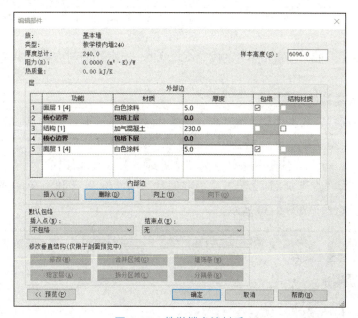

图 2-28　教学楼内墙材质

> **感悟思考**
>
> 学生在识读和绘制墙体的过程中,可以体会建筑设计节约与绿色的设计思想,掌握绿色建筑模拟分析与优化设计的理论及方法,树立可持续发展的理念。

2. 墙体的绘制

1）识读图纸

首先识读首层平面图,分析建筑物结构。由首层平面图可知,该建筑由完全对称的 A、B 座及连廊三部分组成,连廊为三层,A、B 座为五层。绘制模型时,只需绘制连廊和 A 座即可,通过"镜像"命令可将 A 座镜像至 B 座完成建模。

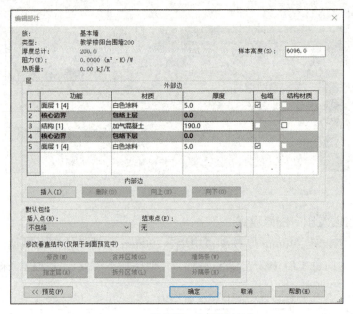

图 2-29　教学楼阳台围墙材质

通过分析发现，轴线均分大部分的内、外墙墙体，连廊外墙与 A 座、B 座外墙完全断开，可分别绘制。

2）首层外墙墙体绘制

在"项目浏览器"双击楼层平面 1 层，选择"建筑"→"墙"→"墙：建筑"命令，选择墙体类型"教学楼外墙240"，设置墙体限制条件如下：将"定位线"设为"墙中心线"，设"底部限制条件"为"室外地坪"，"底部偏移"为"0.0"，设"顶部约束"为"直到标高：2 层"，"顶部偏移"为"0.0"。同时，勾选状态栏中的"链"复选框，如图 2-30 所示。

绘制首层外墙

图 2-30　墙体属性设置

★说明：勾选"链"复选框，可以连续绘制墙体。墙中心线是整个墙体（包括面层和核心层）厚度的中心线，核心层中心线是核心层厚度的中心线，如果一面墙的外部面层和内部面层厚度相等，则该墙的墙中心线和核心层中心线重合，否则就是两条线，在定位时要注意区分。

外墙墙体轴线均分，绘制时采用顺时针绘制直线的方式，选择"直线" ，如图 2-31 所示。

图 2-31 拾取线方式

依次单击轴网交点 A1、B1、B3、E3、E4、E5、D5、D11、E11、E13、B13、B14、A14、A1，同时选中 E4～E5 段的墙体并将其删除，完成一层南侧外墙（A 座）墙体的绘制。采用同样的方式绘制中部连廊外墙墙体。绘制完成后的效果如图 2-32 和图 2-33 所示。

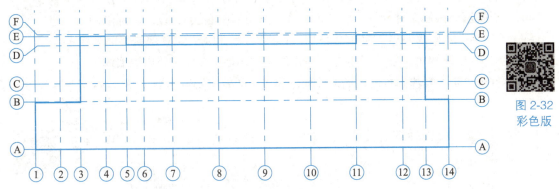

图 2-32　A 座首层外墙墙体绘制完成后的效果

图 2-32 彩色版

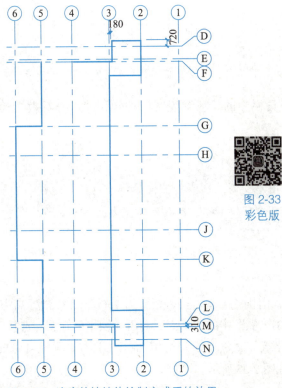

图 2-33　连廊外墙墙体绘制完成后的效果

图 2-33 彩色版

★说明：一般来说，墙是有内外之分的。特别是外墙，在创建外墙时，应采用顺时针绘制的方式进行，否则会造成内外方向反转。对于内外方向反转的墙体，可在选中墙体后按空格键进行调整，或者单击墙体一侧的双向箭头进行调整。

感悟思考

学生要注意情感价值，美育培养，学习辩证唯物主义，培育科学精神。

3）首层内墙墙体绘制

按同样的方法绘制首层内墙墙体。在"项目浏览器"中双击楼层平面1层，选择"建筑"→"墙"→"墙：建筑"命令，选择墙体类型为"教学楼内墙240"，设置墙体限制条件如下：设"定位线"为"墙中心线"，设"底部限制条件"为"1层"，"底部偏移"为0，设"顶部约束"为"2层"，"顶部偏移"为0。同时，勾选状态栏中的"链"复选框，按图纸绘制内墙。A座首层内墙墙体（内墙墙体红色显示）和连廊首层内墙墙体绘制完成后的效果如图2-34和图2-35所示。

绘制首层内墙

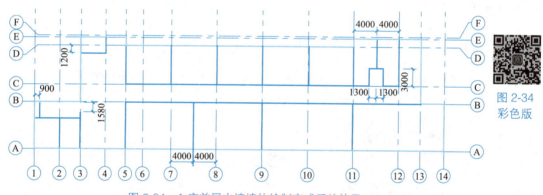

图2-34 彩色版

图2-34 A座首层内墙墙体绘制完成后的效果

单击快捷工具栏中的"三维视图"按钮，即可查看教学楼一层墙体的三维效果，如图2-36所示。

感悟思考

通过三维图形提高绘图者的空间思维、设计表达和动手能力，激发学生对绘图的兴趣，明确学习内容和目标，提高审美能力。

3. 创建楼板

1）A座楼板的创建

由图纸可知，南楼（A座）楼板板厚为150mm，板顶标高为±0.000。

双击"项目浏览器"中的"1层"，打开1层平面视图。选择"建筑"→"楼板"→"楼板：建筑"命令，在"属性"面板中选择"常规-150mm"楼板，进入编辑边界状态，如图2-37所示。

选择"拾取墙"，设置标高限制条件为1层，自标高高度偏移为0，依

A座楼板的创建

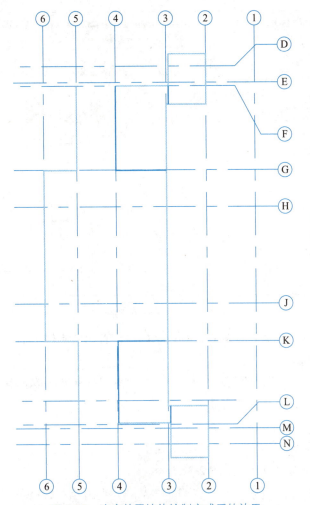

图 2-35 连廊首层墙体绘制完成后的效果

图 2-35 彩色版

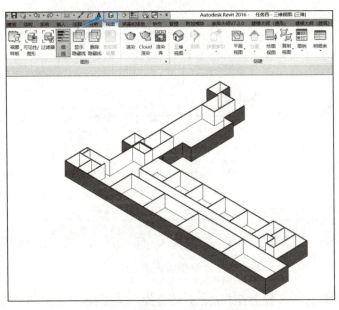

图 2-36 教学楼一层墙体三维效果

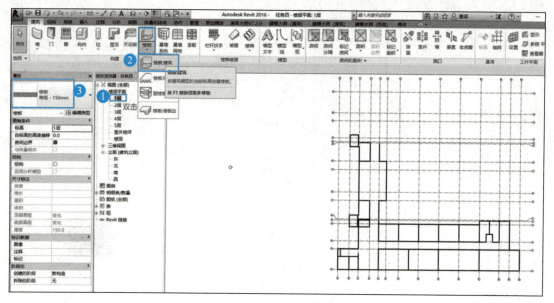

图 2-37　楼板类型选择

次拾取外墙内侧边线。如果拾取到外墙外侧边线，可单击轮廓线上的箭头完成内外侧切换，完成的 A 座楼板轮廓。

★说明：绘制时，应注意楼板的顶面标高，默认值是楼板顶面标高与当前视图标高一致，有标高变化的楼板要在约束条件内设置偏移。

对于左上方不闭合的轮廓线，应采用"修剪/延伸为角"命令 进行修改，分别单击需要延伸的两条轮廓线，使其形成闭合轮廓图形。轮廓线绘制完成后，单击"完成编辑模式"的按钮 ，完成轮廓线的绘制，如图 2-38 所示。

★说明：绘制楼板就是要确定楼板的轮廓线，系统自动在轮廓线内生成楼板。轮廓线必须是闭合的，不能交叉，也不能重合。可以直接绘制轮廓线，也可以采用"拾取线"或"拾取墙"命令生成。如果拾取方式生成的轮廓线不闭合，拾取后可采用"修剪"命令形成封闭图形，如果出现轮廓线缺少、多余、重合、不闭合等错误，系统会弹出错误提示，错误部分以橘红色显示，根据系统提示的错误采用"修剪"命令进行修改，直至正确为止。

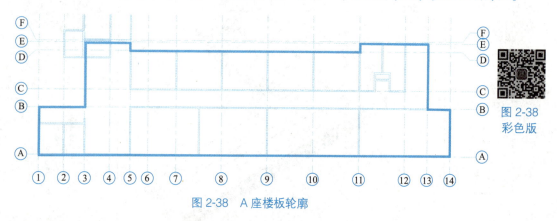

图 2-38　A 座楼板轮廓

由于楼板与墙体边缘部分会有重叠，系统会提示是否剪切重叠的部分，此处单击"否"按钮，如图 2-39 所示。

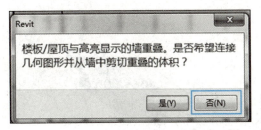

图 2-39　剪切重叠体积提示

> **感悟思考**
>
> 　　分小组学习绘制，项目团队成员可基于任务书内容进行任务分解，分工合作完成各项任务，培养学生团队合作意识。

2）连廊楼板的创建

由图纸可知，连廊楼板板厚为 150mm，板顶标高为 ±0.000。用上述方法创建连廊楼板闭合轮廓线，如图 2-40 所示。

连廊楼板的创建

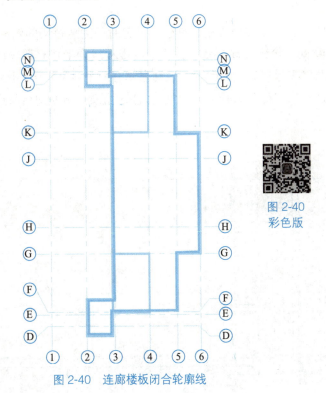

图 2-40　连廊楼板闭合轮廓线

楼板创建完成，南楼（A 座）、连廊楼板三维效果如图 2-41 所示。

★说明：对于类型相同并且连续的楼板，可以分房间、分区域绘制，也可以作为一个整体进行绘制。

4. 创建台阶

1）图纸识读

Revit 中没有专门的创建台阶的命令，一般采用楼板或族来创建。采用楼板创建台阶时，

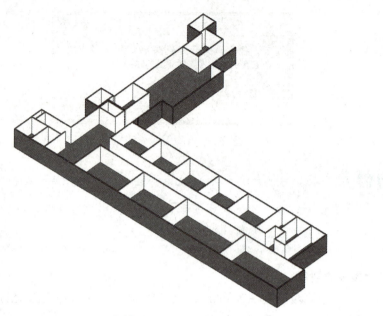

图 2-41 南楼（A 座）、连廊楼板三维效果

可人为将台阶分成若干层楼板逐层创建，创建时，注意每层的轮廓线位置和标高，从上往下标高逐层降低、轮廓线逐层变大，若干层楼板组合形成台阶。图纸中连廊台阶有三个，分别是连廊西侧主入口有一个台阶，连廊东侧有两个对称台阶；南楼（A 座）台阶有两个，分别位于 A 座西入口处和 A 座东入口处。为描述清楚，分别对台阶进行标号命名，如图 2-42 所示。

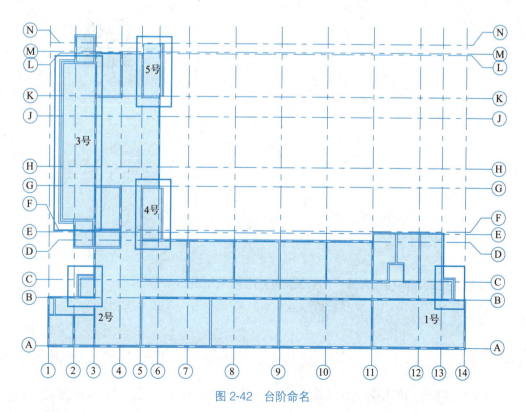

图 2-42 台阶命名

2）创建一级台阶

下面以南楼（A 座）东侧轴线⑬交轴线Ⓑ、Ⓒ处的 1 号台阶为例，讲解台阶的创建方法。通过识读相应的平面图和立面图，确定台阶的大小、踏步深度和踢面高度，见表 2-3。

创建 1 号台阶

表 2-3　1 号台阶的数据

台阶轮廓	长度 / mm	宽度 / mm	自 1 层（0.000）标高偏移 / mm	踢面高度 / mm
一级轮廓	3000	1500	0	150
二级轮廓	3300	1800	−150	150
三级轮廓	3600	2100	−300	150

打开 1 层平面视图，选择"建筑"→"楼板"→"楼板：建筑"命令，在"属性"面板中选择"常规 -150mm"楼板，进入编辑边界状态，将"属性"面板设置为默认状态，如图 2-43 所示。

在"边界绘制"边界线中选择"线"，按图 2-44 所示进行一级台阶绘制。可辅助使用"修剪 / 延伸为角"命令将台阶的轮廓线调整成闭合状态，单击"模式"面板中的"完成编辑模式"按钮，完成一级台阶轮廓创建。

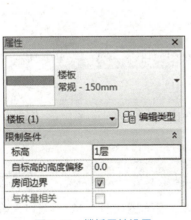

图 2-43　楼板属性设置

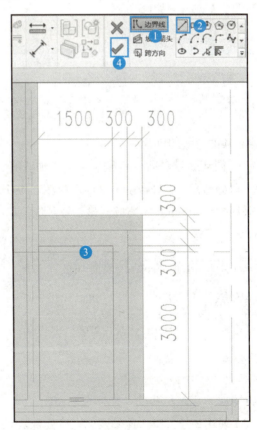

图 2-44　一级台阶轮廓创建

3）创建二、三级台阶

创建二级台阶和三级台阶的步骤与创建一级台阶类似，此处不再赘述。需要注意的是，二级台阶生成后，才能开始创建三级台阶，不能同时创建两个台阶的轮廓线。

二级台阶编辑类型中自标高的高度偏移为 –150，三级台阶编辑类型中自标高的高度偏移为 –300。全部台阶生成后的台阶模型如图 2-45 所示。

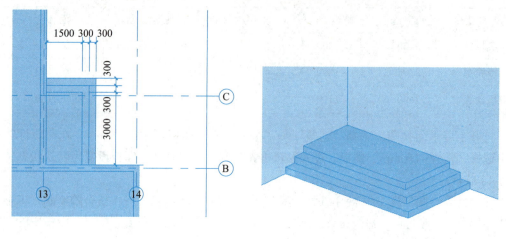

（a）台阶平面图　　　　　　　　　　　　（b）台阶三维图

图 2-45　台阶模型

感悟思考

通过识读台阶的三面投影，根据各个方位的平面图绘制并转成三维图形，培养学生多角度观察问题的能力，切不可片面地看待问题。

4）其他台阶的创建

（1）创建 2 号台阶。南楼（A 座）轴线②、③与轴线Ⓑ、Ⓒ处台阶，即 A 座西入口处台阶（2 号台阶）平面图如图 2-46 所示。按上述方法及表 2-4 中的数据，采用常规 150mm 厚楼板创建 2 号台阶，其三维图如图 2-47 所示。

创建 2 号台阶

表 2-4　2 号台阶数据

台阶轮廓	长度 / mm	宽度 / mm	自 1 层（0.000）标高偏移 / mm	踢面高度 / mm
一级轮廓	3200	2400	–15	150
二级轮廓	3500	2700	–165	150
三级轮廓	3800	3000	–315	150

★说明：图纸中此处台阶标高为 –0.015m，因此板顶标高相应降低 15mm。

（2）创建 3 号台阶。连廊西侧入口处台阶（3 号台阶）平面图如图 2-48 所示。按上述方法及表 2-5 中的数据，采用常规 150mm 厚楼板创建 3 号台阶，其三维图如图 2-49 所示。

创建 3 号台阶

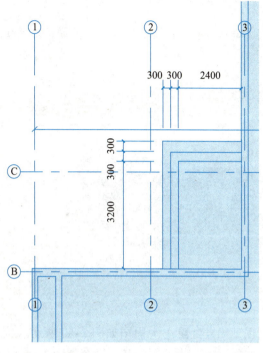
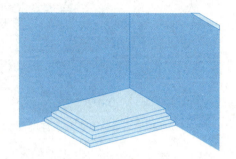

图 2-46　A 座西入口处台阶（2 号台阶）平面图

图 2-47　A 座西入口处台阶（2 号台阶）三维图

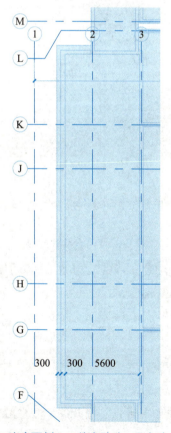

图 2-48　连廊西侧入口处台阶（3 号台阶）平面图

表 2-5　3号台阶的数据

台阶轮廓	长度/mm	宽度/mm	自1层（0.000）标高偏移/mm	踢面高度/mm
一级轮廓	25960	5600	0	150
二级轮廓	26560	5900	−150	150
三级轮廓	27160	6200	−300	150

图 2-49　连廊西侧入口处台阶（3号台阶）三维图

（3）创建4号台阶。连廊东侧入口处台阶（4号台阶）平面图如图2-50所示。按上述方法及表2-6中的数据，采用常规150mm厚楼板创建4号台阶，其三维图如图2-51所示。

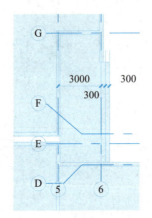

图 2-50　连廊东侧入口处台阶（4号台阶）平面图

表 2-6　4号台阶的数据

台阶轮廓	长度/m	宽度/m	自1层（0.000）标高偏移/mm	踢面高度/m
一级轮廓	8670	2760	0	150
二级轮廓	8670	3060	−150	150
三级轮廓	8670	3360	−300	150

感悟思考

机会隐藏在细节中，注重细节可以见微知著，注重细节方可追求卓越。

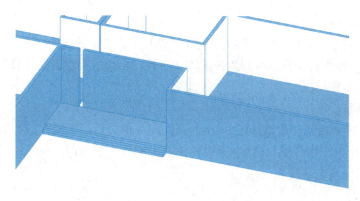

图 2-51　连廊东侧入口处台阶（4 号台阶）三维图

（4）创建 5 号台阶。连廊东侧入口处的台阶为对称台阶，因此可以采用"镜像"命令创建另一侧的台阶。框选 4 号台阶后，选择"修改"面板中的"镜像 - 绘制轴"命令，在 Ⓗ、Ⓙ 墙位置找中心点作为轴线第一点，单击延长线上的另一点作为对称轴第二点，完成镜像，如图 2-52 所示。

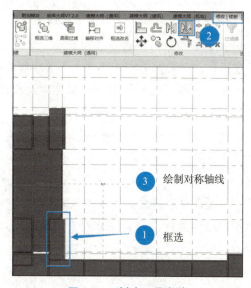

图 2-52　创建 5 号台阶

1. 如何选中图元？

单击需要选中的图元即可。按住 Ctrl 键再单击可以进行加选，按住 Shift 键再单击可以进行减选。如果遇到图元附近有很多其他图元而无法直接单击选中的情况，可以先将鼠标指针指向图元的边缘，然后利用 Tab 键进行预先的切换选择，找到需要选中的图元之后单击。

2. 框选的技巧。

按住鼠标左键从左向右框选时，构件或图元全部都在框内才会被选中；按住鼠标左键从右向左框选时，只要框到了构件或图元的一部分，整体就会被选中。同样，按住 Ctrl 键再去框选可以进行加选，按住 Shift 键再去框选可以进行减选。

3. 过滤器的使用。

当需要选中视图中全部的同类型构件时，可以直接将全部的构件框选上，之后单击"过滤器"，此时过滤器中将会显示所有构件的类别。放弃全部的类别选择，只勾选想选择的构件，单击"确定"即可选中。

4. 按类型选择。

选中一个构件的类型，然后单击，在出现快捷菜单之后，将鼠标指针指向"选择全部实例"。选择"在视图中可见"，就会选中此视图中能看见的构件。选择"在整个项目中"，就会选中此项目中的全部构件。

> **感悟思考**
>
> 以雷神山、火神山医院的建设过程为例，展示其中的各项 BIM 技术，使学生充分认识 BIM 技术在建设项目管理中的作用与意义，感知我国的 BIM 技术发展水平和高效的协同作业能力。

BIM 技术在抗击新冠疫情中大显身手

2020 年，一场突如其来的新型冠状病毒袭击了我们。这场战役打响后，全国上下紧急隔离，医疗物资严重短缺，病床更是一床难求。武汉政府决定参照 2017 年北京小汤山非典医院的模式，建造一座专门收治新型冠状病毒感染患者的医院。一座可容纳 1000 张床位的火神山医院，总共用了 10 天时间即建设完成，2 月 2 日正式交付，总建筑面积 3.39 万 m^2。1 月 25 日，武汉政府又加盖一所雷神山医院，2 月 5 日交付使用。两所医院以小时计算的建设进度，在万众瞩目下演绎了新时代的中国建造速度。

大家一定有个疑问，火神山医院、雷神山医院为什么能迅速建成？其实，这两家医院的建设主要是采用了行业最前沿的装配式建筑和 BIM 技术，最大限度地采用拼装式工业化成品，大幅减少现场作业的工作量，节约了大量时间。在 10 天建造工期中，BIM 和装配式技术应用有以下三个关键点。

（1）项目精细化管理。使用 BIM 技术，可以保证施工质量、缩短工期进度、节约成本、降低劳动力成本和减少废弃物，提高建设项目的管理效率和沟通协作效率。所有关于参与者、建筑材料、建筑机械、规划和其他方面的信息都被纳入建筑信息模型中，BIM 4D 和 BIM 5D 是基于模型的可交付成果，主要用于能力分析、项目交付计划、材料需求计划和成本估算。

（2）仿真模拟，建筑性能优化。利用 BIM 技术，可以提前进行各种设施模拟，按照医院建设的特点，对采光、管线布置、能耗分析等进行优化模拟，确定最优建筑方案和施工方案。

（3）参数化设计，可视化管控。充分发挥了 BIM 和装配式建筑的优势，参数化设计、构件化生产、装配化施工、数字化运维，全过程都充分发挥了 BIM 技术的优势，使项目全生命周期都处于数字化管控之下，包括参数化设计、可视化交底、基于模型的竣工运维等。BIM 技术不仅提供有关建筑质量、进度以及成本的信息，还实现了无纸化加工建造。

成果巩固

选择题

1. Revit 绘制墙体时，一般在（　　）视图下进行。
   A. 平面　　　　　B. 立面　　　　　C. 剖面　　　　　D. 三维
2. 下列（　　）可用于编辑墙的立面外形？
   A. 表格视图　　　　　　　　　　　B. 图纸视图
   C. 3D 视图或是立面视图　　　　　D. 楼层平面视图
3. 由于 Revit 中有内墙面和外墙面之分，最好按照（　　）方向绘制墙体。
   A. 顺时针　　　　　　　　　　　　B. 逆时针
   C. 根据建筑的设计决定　　　　　　D. 顺时针、逆时针都可以
4. 在绘制墙体时，要使墙的方向在外墙和内墙之间翻转，可（　　）实现。
   A. 单击墙体　　　　　　　　　　　B. 双击墙体
   C. 单击蓝色翻转箭头　　　　　　　D. 按 Tab 键
5. 用"拾取墙"命令创建楼板，使用（　　）键切换选择，可一次选中所有外墙，单击生成楼板边界。
   A. Tab　　　　　B. Shift　　　　　C. Ctrl　　　　　D. Alt

联考拓展

一、选择题

1.【2019 年第二期"1+X"BIM 初级考试】Revit 软件中绘制墙体的方式有（　　）。【多选】
   A. 线　　　　　B. 拾取点　　　　　C. 拾取面
   D. 定位线　　　E. 拾取线
2.【2021 年 BIM 工程师考试试题】下列关于墙体说法中正确的是（　　）。
   A. 墙体的任何功能层厚度都不能是 0　　　B. 墙体的样本高度是固定的
   C. 非涂膜层的厚度不能大于 4mm　　　　　D. 以上都不正确
3.【2021 年 BIM 工程师考试试题】创建楼板时，在修改栏中绘制楼板边界不包含（　　）命令。
   A. 边界线　　　　B. 跨方向　　　　C. 坡度箭头　　　　D. 默认厚度
4.【2021 年 BIM 工程师考试试题】关于弧形墙的修改，下列说法中正确的是（　　）。
   A. 弧形墙不能插入门窗　　　　　　　B. 弧形墙不能应用"编辑轮廓"命令
   C. 弧形墙不能应用"附着项/底"命令　D. 弧形墙不能应用"墙洞口"命令
5.【2022 年 BIM 工程师考试试题】不可用垂直洞口命令进行开洞的对象是（　　）。
   A. 屋顶　　　　　B. 墙　　　　　C. 楼板　　　　　D. 天花板

二、绘图题（中国图学学会 BIM 技能一级考试第三期第二题）

新建项目文件。以标高 1 到标高 2 为墙高，创建半径为 5000mm（以墙核心层内侧为基准）的圆形墙体，最终结果以"练习用-多色墙"为文件名保存。（扫描二维码查看图纸）

绘图题资源

答案

成果巩固

题号	1	2	3	4	5
选项	A	C	A	C	A

联考拓展

题号	1	2	3	4	5
选项	ACE	D	D	B	B

任务 5　创建教学楼一层门窗

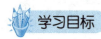 **学习目标**

掌握教学楼门窗图纸识图能力及 Revit 中门窗的创建方法。

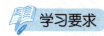 **学习要求**

知识要求：

1. 掌握教学楼门窗图纸识图基本步骤。
2. 掌握 Revit 门窗的分类。
3. 掌握 Revit 门窗插入方法。

能力要求：

1. 能够识读图纸中门窗的标识。
2. 能够新建门窗族并进行属性设置。
3. 能够利用平面、立面、三维正确绘制和修改门窗。

进阶要求：

独立进行复杂窗的绘制。

 任务准备

教学楼门窗图纸识读，精确定位门窗位置，确定表 2-7 中的各门窗参数。

表 2-7　门窗尺寸和样式

门窗样式	宽度 / mm	高度 / mm	底高度（相对于本层标高）/ mm	样　式
M0621	600	2100	0	单扇门
M1024	1000	2400	0	单扇门
M1824	1800	2400	0	双扇门
FM0924	900	2400	0	单扇防火门
MLC-1	5400	3700	0	门联窗
C0924	900	2400	900	上下推拉窗

续表

门窗样式	宽度/mm	高度/mm	底高度（相对于本层标高）/mm	样　式
C1524	1500	2400	500	左右推拉窗
C7424	7400	2400	900	四扇窗
C7829	7800	2900	600	固定组合窗
GC1206	1200	600	2400	左右推拉窗

★说明：该图纸中的平面图上只标出了门窗的位置信息，立面样式和造型信息可以在立面图、剖面图或门窗详图中查找。

 任务导图

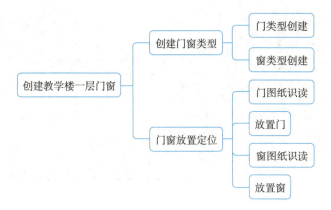

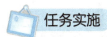 任务实施

1. 创建门窗类型

1）门类型创建

（1）复制创建。以 M1024 为例，介绍门类型的创建过程。M1024 为单扇门，宽 1.0m，高 2.4m。选择"建筑"→"门"命令，"属性"面板显示某一类型门的属性。单击门类型名称右侧的下三角按钮，显示出该项中所有可用的门类型列表，默认只有单扇木门，如图 2-53 所示。

门类型创建

图 2-53　门类型列表

> **感悟思考**
>
> 引导学生从门、窗的演变历史感受中国灿烂的传统文化,弘扬爱国主义、民族精神,传播正能量。

单击"编辑类型"按钮,进入"类型属性"对话框。单击"复制"按钮,在"名称"中输入"M1024",在"类型参数"中分别修改"高度"为 2400,"宽度"为 1000,在"标识数据"的"类型标记"中输入"M1024",单击"确定"按钮即可创建 M1024,如图 2-54 所示。

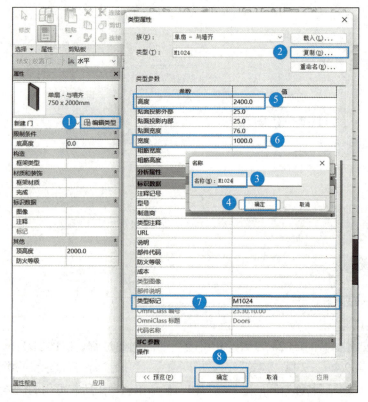

图 2-54　新建门类型

★ 说明:注意区分门的功能是内部还是外部;在设置门的高度和宽度时,要分别将相关数值输入"高度"和"宽度"中,切记不能分别输入"粗略高度"和"粗略宽度"中。

(2)载入创建。若门类型列表中没有合适选项,则需要载入建立。以 FM0924 为例,若"属性"面板中没有合适的门,可单击"编辑类型"按钮,进入"类型属性"对话框。单击"载入"按钮,在课程族文件夹中,选择 FM0924,单击"打开"按钮完成载入。在"标识数据"的"类型标记"中输入 FM0924,单击"确定"按钮即可创建 FM0924,如图 2-55 所示。

其他门也可按上述两种方法创建,此处不再一一赘述。

★ 说明:Revit 自带门族,位置一般位于 C:\ProgramData\Autodesk\RVT\Libraries\China\建筑\门。

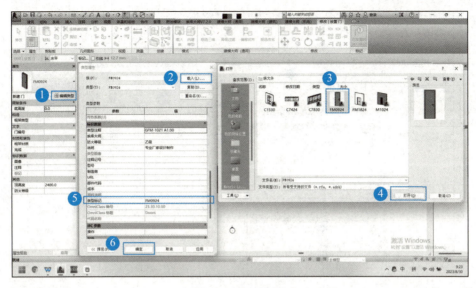

图 2-55　载入门类型

2）窗类型创建

> **感悟思考**
>
> 可引入中国古典园林门窗类型，厚植爱国情怀，培养学生实事求是、求真务实、开拓创新的科学精神和严谨的工程思维。

以 C0924 为例，介绍窗类型创建过程。C0924 为上下推拉窗，宽 0.9m，高 2.4m。

选择"建筑"→"窗"命令，"属性"面板中显示某一类型窗的属性。单击窗类型名称右侧的下三角按钮，即可显示出该项目中所有可用的窗类型列表，默认只有固定窗，如图 2-56 所示。

单击窗类型名称右下方的"编辑类型"按钮，打开"类型属性"对话框。单击"类型属性"对话框右上方的"载入"按钮，在文件夹列表中依次打开"建筑"→"窗"→"普通窗"→"推拉窗"文件夹，找到"上下拉窗 1"族，单击"上下拉窗 1"族，可以在窗族列表右侧预览选中窗族的样式，单击"打开"按钮，将"上下拉窗 1"族导入教学楼项目文件，如图 2-57 所示。

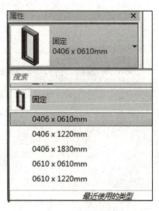

图 2-56　窗类型列表

★说明：载入窗族之前，先选择"建筑"→"窗"命令。载入门族之前，先选择"建筑"→"门"命令。载入其他类型的族之前，都要选择执行相应的命令，否则会因为族类型不一致而导入失败。

窗类型创建

2. 门窗放置定位

1）门图纸识读

下面以门 M1824 为例介绍门的创建方法。准确识别门 M1824 在图纸中的位置，在轴线 Ⓓ 与轴线 Ⓑ、Ⓒ 相交的墙体上，有一扇门 M1824，门边距轴线 Ⓒ450mm，如图 2-58 所示。

门绘制

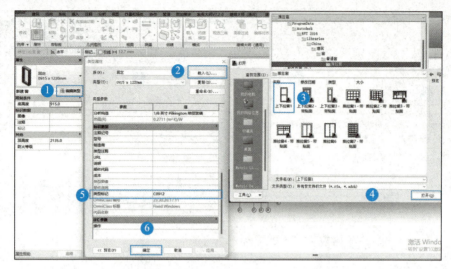

图 2-57 窗族载入

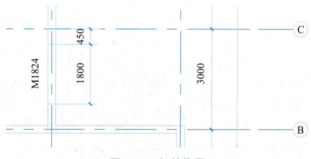

图 2-58 门的位置

2）放置门

在"项目浏览器"中打开一层平面视图，选择"建筑"→"门"命令，"属性"面板中显示某一类型门的属性。单击门类型名称右侧的下三角按钮，找到"M1824"，单击"双面嵌板玻璃门 M1824"，如图 2-59 所示。

图 2-59 选中 M1824

单击"标记"面板上的"在放置时进行标记"按钮，使之处于选中状态。由于该门位于南北向的墙体，标记也宜采用南北方向，即垂直方向。将选项栏中的文字方向由"水平"改为"垂直"，同时拖动模型并进行缩放，使之清晰显示在轴线⑬上并位于轴线Ⓑ、Ⓒ之间的墙体，单击，放置门 M1824，如图 2-60 所示。

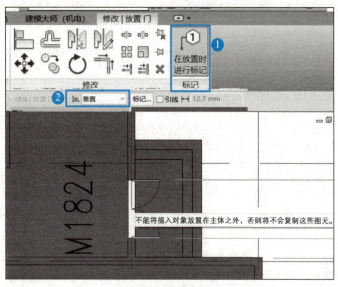

图 2-60　放置门 M1824

按 Esc 键退出"修改|放置门"命令。重新选中新建的门 M1824，出现临时尺寸线和一个双向箭头，临时尺寸线可用于调整门的位置，将临时尺寸改为 450mm，双向箭头可用于调整门的开启方向，如图 2-61 所示。

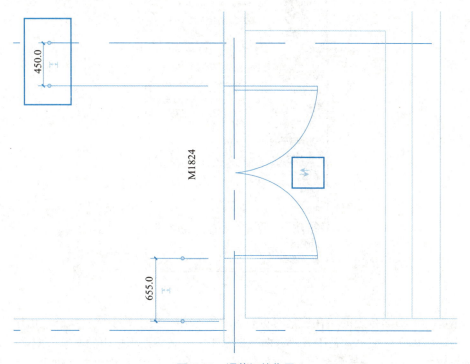

图 2-61　调整门的位置

★说明：临时尺寸线两侧有蓝色圆点，可以拖动蓝色圆点移动临时尺寸边界，按图纸尺寸将其调整至合适位置。

3）窗图纸识读

下面以窗 C0924 为例介绍窗的创建方法。在轴线 Ⓐ 上位于轴线①、③之间的墙体上有 4 扇 C0924 窗，如图 2-62 所示。

窗绘制

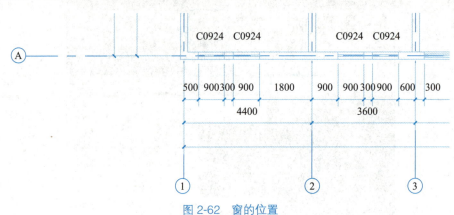

图 2-62 窗的位置

4）放置窗

在"项目浏览器"中打开一层平面视图，选择"建筑"→"窗"命令，"属性"面板中显示某一类型窗的属性。单击窗类型名称右侧的下三角按钮，找到"上下拉窗 1 C0924"，单击"上下拉窗 1：C0924：R0"，并将其"底高度"设置为 900，如图 2-63 所示。

图 2-63 选中"上下拉窗 1 C0924"

单击"标记"面板上的"在放置时进行标记"按钮，使之处于选中状态。由于该窗位于东西向的墙体，标记也宜采用东西方向，即水平方向。将选项栏中的文字方向由"垂直"改为"水平"，拖动模型并进行缩放，使之清晰显示在轴线 Ⓐ 上并位于轴线①、③之间的墙体。在适当位置单击四次，放置 4 扇 C0924 窗，如图 2-64 所示。

按 Esc 键退出"窗放置"命令。重新选中最左侧窗 C0924，出现临时尺寸线和一个双向箭头。临时尺寸线可用于调整窗的位置，双向箭头可用于调整窗的开启方向。将最左侧临时尺寸线的蓝色圆点拖动到轴线①，并将临时尺寸改为 500mm。按同样的方式，选中第二扇窗，将临时尺寸改为 300；选中第三扇窗，将临时尺寸改为 1000；选中第四扇窗，将临时尺寸改为 300，如图 2-65 所示。

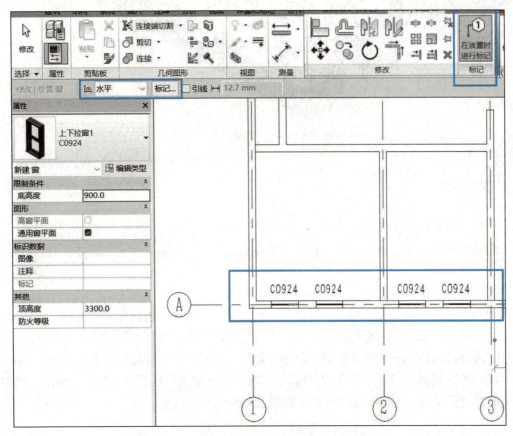

图 2-64　放置窗

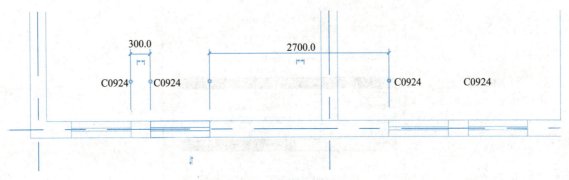

图 2-65　调整窗的位置

★说明：窗户有底高度，可以在创建前设置，也可以在创建后设置，门没有底高度。

采用同样的方法将一层所有门、窗创建完成，如图 2-66 所示。

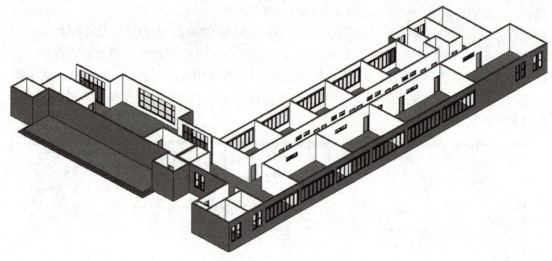

图 2-66　A 座一层门窗及连廊完整模型

 实操答疑

1. 门和窗可以独立存在吗？

门和窗都是基于墙体的组件，只能在墙体上创建，当鼠标指针在非墙体处时，界面会出现一个禁止符号。

2. 门窗忘记标记怎么办？

如果在创建门窗前忘记单击"标记"面板上的"在放置时进行标记"按钮，未能使之处于选中状态，创建的门窗将没有标记，不符合制图习惯，此时可采用以下步骤显示标记信息：选择"注释"→"全部标记"命令，弹出"标记所有未标记的对象"对话框。向下拖动滚动条，找到"门标记"和"窗标记"，按住 Ctrl 键选中这两项，单击"确定"按钮，创建时未做标记的门窗将出现门标记或窗标记，如图 2-67 所示。

图 2-67　标记未标记的对象

BIM 与数字孪生——智能建筑需要更智能的技术

什么是 BIM 与数字孪生？对于智能建筑而言，前者支持结构的设计、规划和建造，后者将建筑物与其中的人员和数据联系起来。两者都很实用，且越来越必要。

虽然它们在很多方面听起来很相似，但 BIM 和数字孪生更像是同一枚硬币的两面。BIM 负责智能建筑施工；数字孪生是管理它们的关键。这些智能平台之间的混淆来自于它们都代表建筑物的数字建设。BIM 和数字孪生具有不同的特点：BIM 有助于保持设计—建造按时、预算不足和符合形式；数字孪生可帮助精心设计的建筑达到并超越其预期用途。

智能建筑只会变得越来越智能，这意味着它们需要智能软件来支持整个建筑生命周期。BIM 和数字孪生相结合可满足这一需求，每个都在构建前、中和后发挥着重要作用，并且在其整个生命周期中都将服务于许多目的。

BIM 和数字孪生技术在建筑全生命周期中的兴起并非巧合，而是必然。建筑物比以往任何时候都更加复杂，复杂的系统和子系统需要协同工作。相反，我们对空间的期望也比以往任何时候都多。BIM 和数字孪生是建筑全生命周期管理的核心，BIM 使智能建筑施工变得更简单。数字孪生使管理这些复杂空间以及公司对它们的所有工作变得更加容易。

 成果巩固

选择题

1. 用以确定新建房屋每一层门窗定位的图纸是（　　）。
   A. 建筑平面图　　　　　　　　B. 建筑立面图
   C. 总平面图　　　　　　　　　D. 功能分区图
2. Revit 自带门窗样式中没有想要的样式时应该（　　）。
   A. 族库载入　　　　　　　　　B. 自建门窗族
   C. 自带门窗复制重命名　　　　D. 以上都不对
3. 在项目中，以下不属于模型图元的是（　　）。
   A. 楼板　　　　B. 楼梯　　　　C. 门窗　　　　D. 轴网
4. 如何进行门窗标记？（　　）
   A. 选择"注释"→"全部标记"命令，选择门窗标记
   B. 创建门窗前单击选项卡上的"在放置时进行标记"
   C. 用文字命令写门窗符号
   D. 以上都不对
5. 删除墙，墙上的门窗会（　　）。
   A. 继续存在　　　　　　　　　B. 被删除
   C. 不一定　　　　　　　　　　D. 没有影响

联考拓展

一、选择题

1.【2019年第一期"1+X"BIM初级考试】标记的主要作用是对构件（如门、窗、柱等）或房间、空间等概念进行标记，用以区分不同的构件或房间，以下不属于Revit标记的是（　　）。

  A. 类型标记   B. 全部标记

  C. 房间标记   D. 空间标记

2.【2020年第二期"1+X"BIM初级考试】将临时尺寸标注更改为永久尺寸标注的操作是（　　）。

  A. 单击尺寸标注附近的尺寸标注符号

  B. 双击临时尺寸符号

  C. 锁定

  D. 按 Tab 键

3.【2021年BIM工程师考试试题】可以将门标记的参数改为（　　）。

  A. 门族的名称   B. 门族的类型名称

  C. 门的高度   D. 以上都可

4.【2021年BIM工程师考试试题】下列关于门、窗的说法中正确的是（　　）。

  A. 系统默认门、窗可以放置在幕墙上

  B. 可以使用阵列命令放置门、窗

  C. 使用偏移命令，可以将门、窗偏移至平行的墙上

  D. 以上答案均正确

5.【2022年BIM工程师考试试题】要在图例视图中创建某个窗的图例，以下操作正确的是（　　）。【多选】

  A. 用"绘图 - 图例构件"命令，从"族"下拉列表中选择该窗类型

  B. 可选择图例的"视图"方向

  C. 可按需要设置图例的主体长度值

  D. 图例显示的详细程度不能调节，总是和其在视图中的显示相同

  E. 图例的视图方向和大小固定

二、绘图题（中国图学学会BIM技能一级考试第一期第五题）

扫描右侧二维码查看本题图纸，绘制墙体和门窗，并将文件保存为"房子.rvt"。

绘图题资源

要求：

（1）墙体限制条件为底部0.000mm、顶部4.200mm、外墙厚度为300mm、内墙厚度为200mm、材质为混凝土。

（2）门的型号：M0820、M0618，尺寸分别为800mm×2000mm 和 600mm×1800mm，均为单扇平开门。

（3）窗的型号：C0912尺寸为900mm×1200mm，单扇平开窗；C1515尺寸为1500mm×1500mm，双扇平开窗；底高度均为900mm。

答案

成果巩固

题号	1	2	3	4	5
选项	A	B	D	B	B

联考拓展

题号	1	2	3	4	5
选项	A	A	D	B	ABC

任务 6　创建教学楼其他层

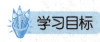

掌握教学楼图纸识图技能及 Revit 按楼层复制构件的方法。

知识要求：

1. 掌握教学楼识图的基本步骤。
2. 掌握 Revit 按楼层复制构件的方法。
3. 掌握 Revit 构件的修改方法。

能力要求：

1. 能够识读图纸中楼层的标识。
2. 能够利用平面、立面、剖面、三维图确定各楼层构件的差异。

进阶要求：

能够使用多种方式复制楼层间的构件。

任务准备

教学楼图纸识读，确定二层及以上墙体、楼板、门、窗的参数和位置，并识别墙体、楼板、门、窗与一层的差异。

1. 识读立面、剖面图，找相似之处

首先识读立面图和剖面图。由剖面图可知，教学楼共分五层，其中一至三层造型相似，四层和五层造型相似。两者的主要区别是四层和五层之间没有中间连廊。

2. 识读各层平面图，找不同之处

仔细对照各层平面图，找出不同之处，进行适当的删、改、增，提高建模速度。例如，二层②、③轴与Ⓑ、Ⓒ轴围成的区域有阳台，而一层是台阶，处理方法是删除台阶，再用创建墙和楼板的方式创建阳台；其他差异可以参照以上方法进行处理。由于构件的删、改、增可能会导致墙体的断开、缺失或多余，这时可采用"修改"选项卡中的对齐、移动、修剪/延伸为角等命令进行修改。

任务导图

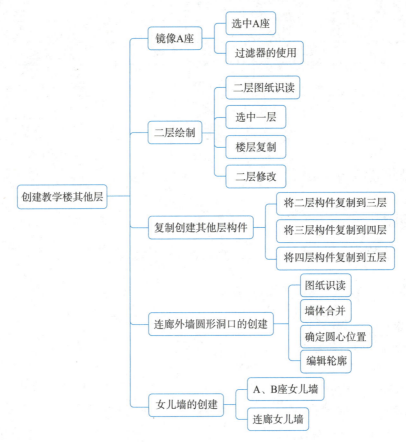

 任务实施

1. 镜像 A 座

1）选中 A 座

如图 2-68 所示，框选Ⓔ轴下方所有构件，按住 Shift 键进行减选，去掉连廊部分墙体，扫描二维码查看彩色图片。

A 座镜像

图 2-68
彩色版

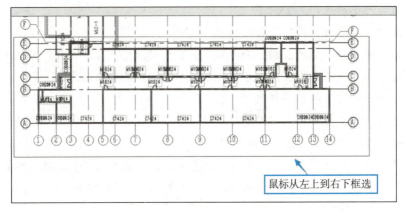

图 2-68 框选构件

2)过滤器的使用

选择"修改"→"选择多个"选项卡下"选择"面板中的"过滤器"命令,进入"过滤器"对话框。取消"轴网"前复选框,单击"确定"按钮,完成 A 座构件的选中任务,如图 2-69 所示。

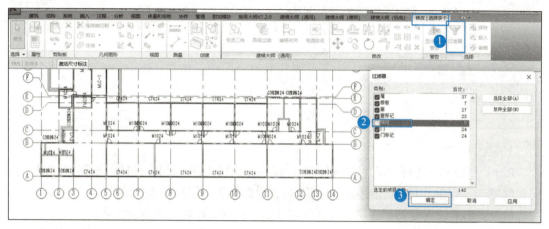

图 2-69 过滤器的使用

选择"修改"→"选择多个"选项卡下"修改"面板中的"镜像-绘制轴"命令,找到H、J轴线间墙的中点,绘制对称轴线的第一点,水平延长线上任意一点为对称轴线的第二点,完成镜像,一层图像完整如图 2-70 所示。

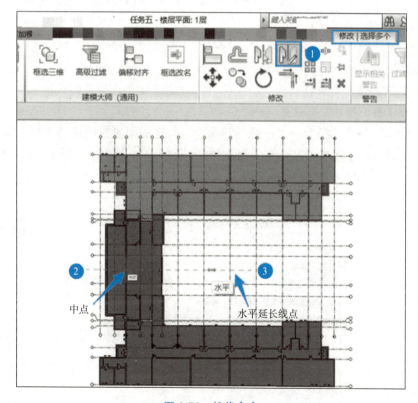

图 2-70 镜像命令

★说明：绘制对称轴线的第一点时，将鼠标指针靠近H、J轴线间的墙体会出现中点文字说明，此时单击即为墙中点。

2. 二层绘制

1）二层图纸识读

识读二层图纸与一层图纸的差异，见表 2-8。

二层绘制

表 2-8 图纸差异

位　　置	减少构件	增加构件
连廊	台阶、内墙、MLC-1	外墙、楼板
A 座 /B 座	台阶、M1824	阳台、C1524

2）选中一层

Revit 中的楼层复制功能允许一次复制到多层，即可以将一层构件同时复制到二层、三层，但鉴于三层的构件与二层构件相似度高，因此先将一层构件复制到二层，对二层构件进行修改完善后，再复制到三层，这样可以减少修改的工作量。具体步骤如下。

在"项目浏览器"中双击一层，打开一层平面图，使用框选方式选中一层所有构件。

> **感悟思考**
>
> 　　引入绿色建筑工程实例，对建筑方案进行能耗分析、采光分析、日照分析、声环境分析和风环境分析，使学生感受节约与绿色的设计思想，树立可持续发展的价值观。

★说明：要想选中某楼层所有构件，可以在平面视图中操作，也可以在立面视图、三维视图中操作。如果选中的构件包括楼板等平面构件，最好在平面视图中操作，以免遗漏，如果不包括平面构件，则应在立面视图中操作，以免错选；跨楼层选中构件，可以在三维视图或者立面视图中操作，以便查找构件。

选择"修改"→"选择"→"过滤器"命令，勾选需要复制的构件类型，取消勾选不需要复制构件类型的复选框（如立面、视图、轴网等），单击"确定"按钮，如图 2-71 所示。

★说明：如果重复复制轴网，会导致轴网符号混乱，切记不要重复复制。

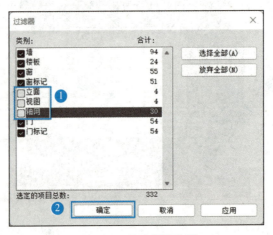

图 2-71 过滤器的使用

3）楼层复制

（1）选择"修改"→"剪贴板"→"复制到剪贴板"命令，执行该命令后，粘贴功能亮显，变为可用状态。

（2）选择"修改"→"剪贴板"→"粘贴"→"与选定的视图对齐"命令，打开"选择视图"对话框，选择"楼层平面：2层"，单击"确定"按钮，完成二层构件的复制，操作步骤如图 2-72 所示。

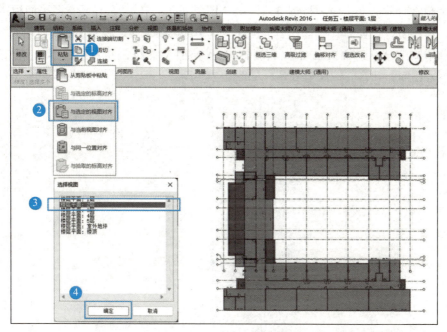

图 2-72　楼层复制操作步骤

（3）单击快速访问工具栏中的按钮，转到默认三维视图，三维效果如图 2-73 所示。

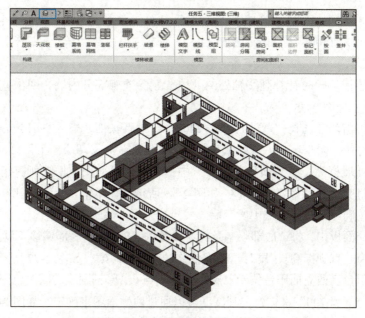

图 2-73　复制二层构件后的三维效果

★说明：在平面视图下，如果复制的楼层内容不包含门窗标记，选择"修改"→"剪贴板"→"粘贴"→"与选定的标高对齐"命令来完成复制，则复制后的楼层门窗没有标记。在"选择视图"对话框中，如果选中"楼层平面：2层"，同时选中其他视图，则一层的构件也会复制到其他层视图中；如果是在立面图中进行楼层复制，则应选择"修改"→"剪贴板"→"粘贴"→"与选定的标高对齐"命令来完成复制。

4）二层修改

（1）删除台阶。双击"项目浏览器"中"楼层平面：二层"，打开二层平面视图。二层不需要入户台阶，按住 **Ctrl** 键选择多个构件，选中连廊及 A、B 座共 7 处台阶后删除。

（2）增减门窗。删除 MLC-1、M1824，在 A 座原 M1824 的位置按图 2-74 所示放置左、右推拉窗 C1524，并将其镜像至 B 座，如图 2-74 所示。

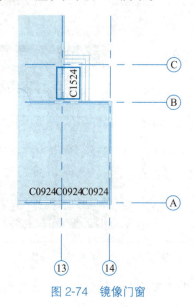

图 2-74 镜像门窗

★说明：C1524 可由 GC1206 复制得到，复制重命名为 C1524。在编辑类型中将高度改为 2400，宽度改为 1500，类型标记改为 C1524 即可。由图纸可知，窗边至Ⓑ轴的临时尺寸线数值为 750。

（3）增减墙板。顺时针补画②轴处的外墙，删除连廊部分内墙（图中蓝色显示 8 个内墙），增加楼板，如图 2-75 所示。

★说明：绘制外墙选择"教学楼外墙 240"，绘制楼板选择"常规 -150mm"即可；门、窗是基于墙的构件，删除墙后，该墙上原有的门、窗也被自动删除。

（4）修改外墙标高。从"项目浏览器"中打开二层平面图，框选所有组件，执行"过滤器"命令，打开"过滤器"对话框，如图 2-76 所示。先单击"放弃全部"按钮，只选中墙类别；单击"确定"按钮，选中所有墙。

在"属性"面板中，将"底部限制条件"设置为"2层"，"底部偏移"设置为"0"，"顶部约束"设置为"直到标高：3层"，"顶部偏移"设置为"0"，如图 2-77 所示。

（5）创建阳台。西立面阳台位于二层②、③轴与Ⓑ、Ⓒ轴围成的区域，阳台立面用墙类型"教学楼阳台围墙 200"来创建，其高度可以通过西立面图来确定，如图 2-78 所示。

模块 2 建筑建模及表现 | 65

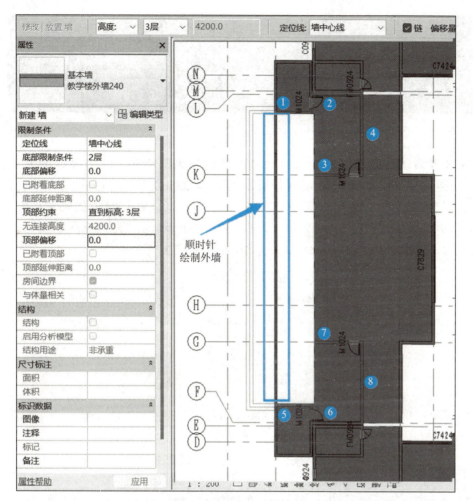

图 2-75 彩色版

图 2-75 增减墙板

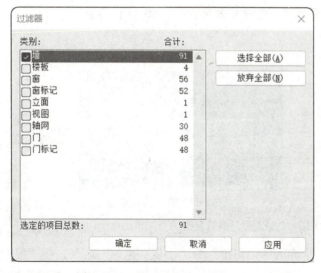

图 2-76 "过滤器"对话框

图 2-77 外墙属性设置

图 2-78 西立面图（部分）

由图 2-78 可知，其底部标高为 3.300m，顶部标高为 5.100m，即底部约束为 2 层（4.200m），偏移 –900mm（3.300m），顶部约束为 2 层（4.200m），偏移 900mm（5.100m）。

① 打开二层平面视图。选择"建筑"→"构建"→"墙"命令，在"属性"面板中选择"教学楼阳台围墙 200"，设置"底部限制条件"为"2 层"，"底部偏移"为"–900"，设置"顶部约束"为"直到标高：2 层"，"顶部偏移"为"900"，如图 2-79 所示。

图 2-79 墙属性设置

> **感悟思考**
>
> 通过阳台各项参数的准确设置、图形的精细绘制，培养学生严谨、细致的工作态度。

② 沿图纸所示位置创建墙体。平面及三维显示效果如图 2-80 所示。

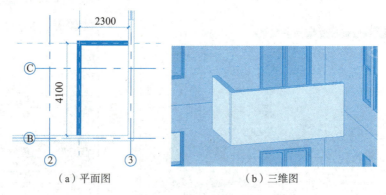

（a）平面图　　　（b）三维图

图 2-80 创建阳台后的效果图

③ 创建阳台底板轮廓。选择"建筑"→"构建"→"楼板：建筑"命令，在"属性"面板中选择"常规 -150mm"，设置底部标高为"2 层"，高度偏移为 0。使用"矩形"命令绘制阳台底板轮廓，如图 2-81 所示。单击 ✓ 按钮，完成创建。

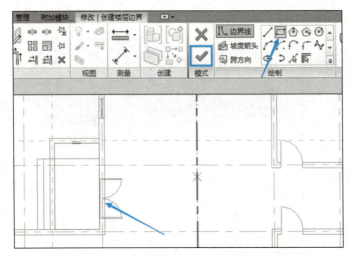

图 2-81　绘制阳台底板轮廓

再使用"镜像"命令将阳台围墙和底板复制到北楼（B座）。

3. 复制创建其他层构件

1）将二层构件复制到三层

楼层间构件的复制方法如前所述，这里不再赘述。三层构件与二层构件完全一致，不需要修改，三层模型创建完成后的效果如图 2-82 所示。

三层绘制

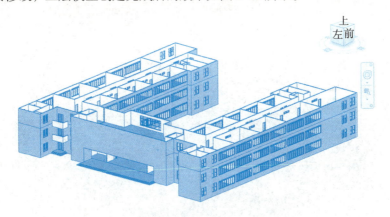

图 2-82　三层模型创建完成后的效果

★说明：如果重复复制轴网，会导致轴网符号混乱，切记不要重复复制。

2）将三层构件复制到四层

四层没有连廊，需要删除连廊部分，包括内墙、外墙、楼板等，门窗依附于墙体，在删除内外墙时门窗会自动删除，复制部分如图 2-83 所示。

四层模型创建完成后的效果如图 2-84 所示。

将四层 Ⓜ 轴交③～⑤轴处外墙、Ⓔ 轴交③～⑤轴处外墙墙体分别拖曳至闭合，如图 2-85 所示。

四层绘制

3）将四层构件复制到五层

五层构件与四层构件完全一致，不需要修改。五层模型创建完成后的效果如图 2-86 所示。

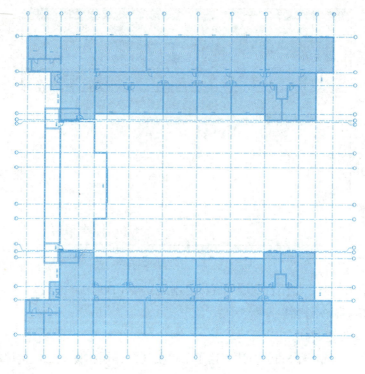

图 2-83　复制部分

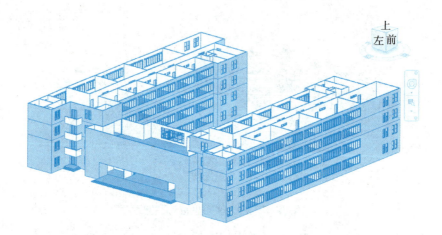

图 2-84　四层模型创建完成后的效果

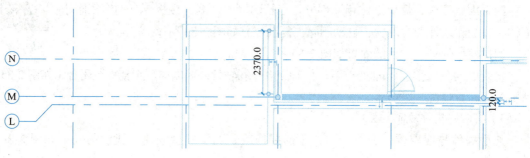

图 2-85　拖曳外墙

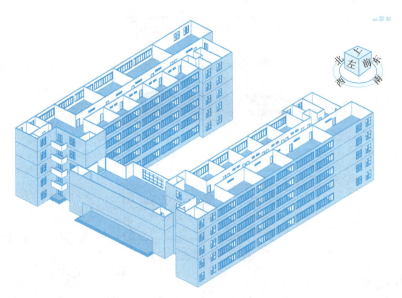

图 2-86 五层模型创建完成后的效果

4. 连廊外墙圆形洞口的创建

1)图纸识读

连廊西侧外墙有三个圆形洞口,可通过立面图确定洞口的尺寸。由图 2-87 可知,洞口半径是 2900mm,圆心标高是 8.1m,左、右圆心距离中心轴各 8400mm。

外墙洞口绘制

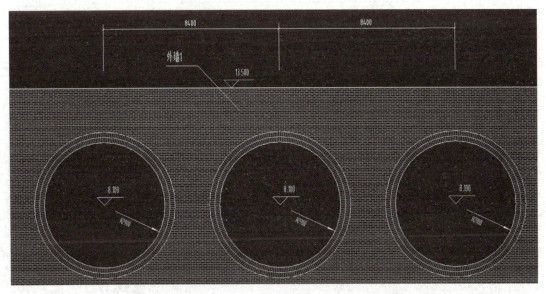

图 2-87 洞口高度和尺寸

2)墙体合并

由于洞口跨越了二、三两层墙体,为了便于编辑,需要把两层墙体进行合并。选中三层墙体并删除,再选中二层墙体,在"属性"面板框中,将"顶部约束"设置为"直到标高:4层",如图 2-88 所示。

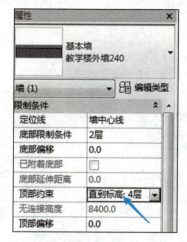

图 2-88　调整墙体高度

3）确定圆心位置

打开西立面视图，选中需要创建洞口的外墙，执行"编辑轮廓"命令，如图 2-89 所示。

图 2-89　外墙轮廓编辑

进入外墙轮廓编辑状态，如图 2-90 所示。

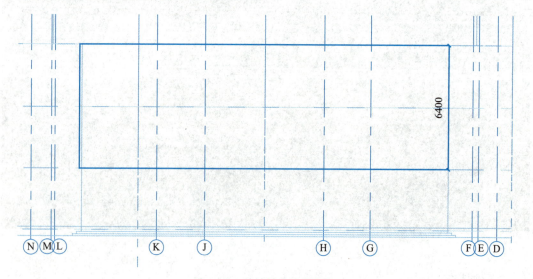

图 2-90　外墙轮廓编辑状态

选择"建筑"选项卡下"工作平面"面板中的"参照平面"命令，单击两点即可确定 1 个参照平面，按图纸定位创建 4 个参照平面，用于确定 3 个圆心的位置，如图 2-91 所示。

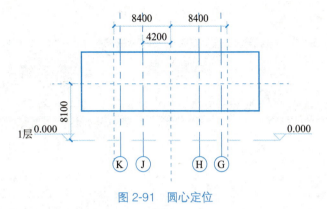

图 2-91 圆心定位

★说明：绘制参照平面时，按住 Shift 键可保证水平及垂直。竖向中心参照平面距离 Ⓙ 轴或 Ⓗ 轴 4200mm，两侧参照平面距离中心参照平面 8400mm，水平参照平面距离 1 层（0.000）8100mm。

4）编辑轮廓

在"绘制"面板中执行"圆形轮廓"命令 ，单击圆心，将弧半径拖曳到所需位置即可，如图 2-92 所示。

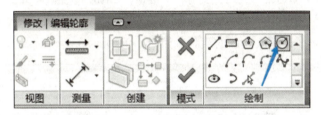

图 2-92 执行"圆形轮廓"命令

以 3 个参照平面的交点为圆心，以 2900 为半径创建 3 个圆，如图 2-93 所示。

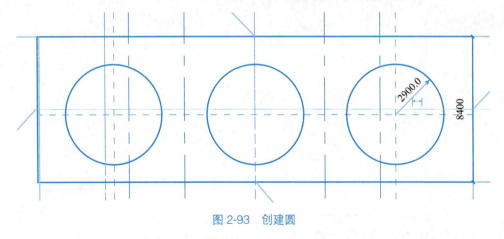

图 2-93 创建圆

单击"模式"面板中的 按钮，完成洞口创建，墙体开洞效果如图 2-94 所示。

5. 女儿墙的创建

女儿墙分 A、B 座女儿墙及连廊女儿墙两部分创建。女儿墙高度为 900mm，通过"属性"面板进行设置，以顺时针方向进行绘制。

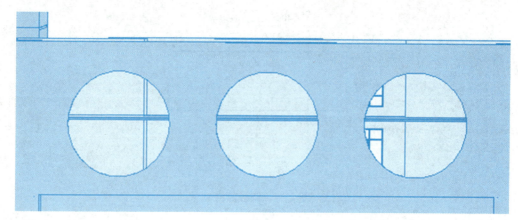

图 2-94 墙体开洞效果

1) A、B 座女儿墙

在"项目浏览器"中双击"楼层平面"中的"楼顶",打开楼顶平面视图。选择"建筑"→"墙"→"墙:建筑"命令,选择墙体类型"教学楼外墙 240",设置墙体限制条件如下:"定位线"为"墙中心线";"底部限制条件"为"楼顶","底部偏移"为 0;"顶部约束"为"直到标高:楼顶","顶部偏移"为 900。同时,勾选状态栏中"链"复选框,依次按图纸顺时针方向绘制女儿墙,将 A 座女儿墙闭合轮廓镜像至 B 座,完成 A、B 座女儿墙的绘制,如图 2-95 所示。

创建女儿墙

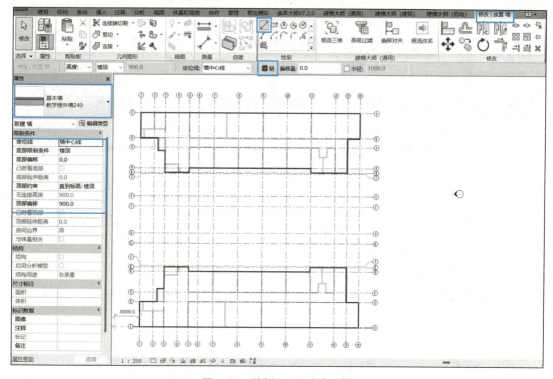

图 2-95 绘制 A、B 座女儿墙

★说明:鼠标指针靠近预先选中的某段女儿墙时,切换按 Tab 键可选中整个闭合轮廓,此方法可快速选中整个女儿墙。

2）连廊女儿墙

在"项目浏览器"中双击"楼层平面"中的"4层",打开四层平面视图。选择"建筑"→"墙"→"墙:建筑"命令,选择墙体类型"教学楼外墙240",设置墙体限制条件如下:"定位线"为"墙中心线";"底部限制条件"为"4层","底部偏移"为0;"顶部约束"为"直到标高:4层","顶部偏移"为900。同时,勾选状态栏中的"链"复选框,依次按图纸顺时针方向绘制女儿墙,完成连廊女儿墙的绘制,如图2-96所示。

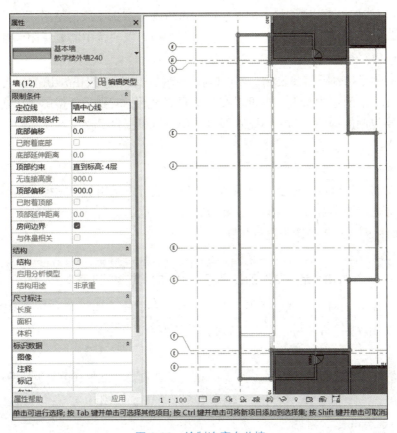

图2-96 绘制连廊女儿墙

> **感悟思考**
>
> 通过女儿墙的传承历史和文化含义,感受中华文明博大精深的历史文化,了解传承背景,增强文化自信。

实操答疑

1. 为何顺时针画墙?

一般来讲,外墙的外墙面和内墙面材质是不一样的。因此,在创建外墙时,要采取顺时针绘制的方式,以保证外墙面向外。如果外墙只有一面,无法区分顺时针或逆时针,这时的绘制方式是由下向上绘制时外墙面向左,由左向右绘制时外墙面向上,由上向下绘制时外墙面向右，由右向左绘制时外墙面向下。

2. 快捷键的使用。

Revit 在执行某项操作时，除单击选项卡中的命令按钮，还提供了键盘快捷命令方式。使用快捷命令，可以加快命令调出速度，提高建模效率。当鼠标指针在命令按钮上悬停时，系统会提示快捷命令。

3. 在整楼层复制过程中，有些构件不需要复制，该如何处理？

如果该层某种类型的构件都不需要复制，可以在全部选中后，使用"过滤器"功能将该类型取消勾选，只选中其他类型构件进行复制；也可以只选中需要复制的某一类型进行复制，直到想要复制的构件全部复制完成为止。

如果某些零星构件不需要复制，则可以在全部选中之后，按住 Shift 键，分别单击不需要复制的构件，取消选中状态；也可以在全部复制之后，转到目标楼层，按住 Ctrl 键，分别单击不需要复制的构件，选中后删除即可。用户可根据自身操作习惯和构件数量自行使用这两种方式。

4. 按楼层复制只能在楼层平面视图中进行吗？

按楼层复制不仅可以在楼层平面视图中进行，还可以采用从剪贴板中粘贴、与选定的视图对齐、与当前视图对齐、与同一位置对齐、与拾取的标高对齐等多种方式，可以在立面视图、剖面视图、三维视图中进行复制。

> ### "BIM 是趋势"的口号喊了 10 年？其实它已经来了
>
> 当人们说到 BIM 的时候，总是带着一种调侃的口吻：10 年前就听说 BIM 要成为趋势了，但这话听了 10 年，也没见有啥动静。所以，大家还是认为 BIM 只存在于虚幻的口号里。
>
> 据深圳市建筑工务署的数据，截至目前，仅在深圳，就有 100 个项目实现 BIM 技术普及应用。设计、施工、咨询、监理等 125 家单位参与 BIM 实施；BIM 应用总建筑面积达 1316 万 m^2。深圳也宣布了两册指引、43 项标准，开发了两级平台，颁布了一部市级标准。
>
> 看到这，你还对 BIM 的应用趋势表示怀疑吗？笔者相信，在下一个 10 年，BIM 一定会模型落地，模型指导施工及算量。

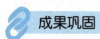

成果巩固

选择题

1. 选择了第一个图元之后，按住（　　）键可以继续选择添加其他图元。
   A. Shift　　　　　B. Ctrl　　　　　C. Alt　　　　　D. Tab

2. Revit 创建参照平面命令的快捷键是（　　）。
   A. rp　　　　　B. gr　　　　　C. pf　　　　　D. at

3. 由于 Revit 中有内墙面和外墙面之分，最好按照（　　）方向绘制墙体。
   A. 顺时针　　　　　　　　　　B. 逆时针
   C. 根据建筑的设计决定　　　　D. 顺时针、逆时针都可以
4. 以下（　　）不是选项栏中"编辑组"命令的作用。
   A. 进入编辑组模式
   B. 用"添加到组"命令可以将新的对象添加到组中
   C. 用"从组中删除"命令可以将现有对象从组中排除
   D. 可以将模型组改为详图组
5. 层间整体复制构件时，需要用到的命令是（　　）。
   A. Ctrl+C　　　　　　　　　　B. 粘贴
   C. 与选定的视图对齐　　　　　D. 复制

联考拓展

一、选择题

1.【2020 年第一期"1+X"BIM 初级考试】创建构件时，提示"绘制的构件在视图平面内不可见"的原因有（　　）。【多选】
   A. 材质设置　　B. 可见性设置　　C. 过滤器设置
   D. 视图范围　　E. 视图规程

2.【2020 年第二期"1+X"BIM 初级考试】Revit 中进行图元选择的方式有（　　）。【多选】
   A. 按鼠标滚轮选择　　B. 按过滤器选择　　C. 按 Tab 键选择
   D. 单击选择　　E. 框选

3.【2021 年 BIM 工程师考试试题】使用过滤器列表按规程过滤类别，其类别不包括（　　）。
   A. 建筑　　　　B. 机械　　　　C. 协调　　　　D. 给排水

4.【2022 年第三期"1+X"BIM 初级考试】BIM 模型生产工程师的岗位职责主要包括（　　）。【多选】
   A. 建立场地模型　　B. 建立土建模型　　C. 建立机电模型
   D. 建立幕墙模型　　E. 建立安全模型

5.【2022 年第三期"1+X"BIM 初级考试】如何设置组的原点？（　　）
   A. 默认组原点在组的几何中心，不能重新设置
   B. 在组的图元属性中设置
   C. 选择组，拖曳组原点控制柄到合适的位置
   D. 单个组成员分别设置原点

二、绘图题（2020 年第一期"1+X"BIM 初级考试第三题）

根据给出的平、立、剖面图创建建筑物三维模型，项目以"小别墅+姓名"为文件名进行保存，要求如下：创建标高、轴网、墙体、楼板、门窗模型，构件尺寸和门窗尺寸见结构表和门窗表。（扫描二维码查看图纸）

绘图题资源

答案

成果巩固

题号	1	2	3	4	5
选项	B	A	A	D	C

联考拓展

题号	1	2	3	4	5
选项	BCDE	BDE	D	ABCD	C

任务 7　创建幕墙

学习目标

掌握教学楼图纸识图方法及 Revit 创建幕墙的方法。

学习要求

知识要求：

1. 掌握教学楼识图基本步骤。
2. 掌握用 Revit 创建幕墙的方法。
3. 掌握用 Revit 设置幕墙嵌板的方法。

能力要求：

1. 能够识读图纸中幕墙的标识。
2. 能够识读图纸中幕墙的大样图。
3. 能够创建常规幕墙。
4. 能够设置幕墙竖梃的样式。

进阶要求：

能够利用幕墙网格创建不规则幕墙。

任务准备

1. 认识幕墙。

幕墙是现代建筑设计中广泛应用的一种建筑构件，由幕墙网格、竖梃和幕墙嵌板组成，如图 2-97 所示。在 Revit 中，常规幕墙是绘制幕墙最常用的方式，它是墙体的一种特殊类型。

> **感悟思考**
>
> 　　引入大家熟悉的幕墙工程实例，感受近年来我国数字信息化的高速发展，增强学生的民族自豪感。

图 2-97　幕墙

幕墙网格可以通过网格布局属性来设置。对于有规律的网格,可以通过固定距离、固定数量、最大间距、最小间距形式在创建幕墙前进行设置。对于没有规律的网格,则要将布局设置为"无",待创建幕墙后,再单独进行网格线设置。

幕墙竖梃样式与大小可以通过竖梃类型属性进行设置,竖梃按方向分为垂直竖梃和水平竖梃,按位置分为内部和边界两种,边界又分为边界1和边界2,分别代表上、下、左、右四条边框。

幕墙嵌板是幕墙的主要组成部分,材质可以是玻璃、石材、门、窗等,幕墙网格用于分隔幕墙嵌板、放置竖梃。竖梃用于支撑和固定幕墙嵌板,竖梃的位置和数量根据幕墙嵌板材质和质量设置,不是所有幕墙网格处都要设置竖梃。

> **感悟思考**
>
> 通过建模软件立体展示幕墙效果图,引发学生学习软件的兴趣和精确建模的意识。从建筑图形精准度出发,树立建模时精益求精的意识。

2. 教学楼图纸识读,确定幕墙的参数和位置,并填入表2-9。

表2-9　幕墙参数和位置

幕墙类型标记	水 平 位 置	水平宽度/mm	参照平面图纸
MQ-1	Ⓐ轴与⑪、⑫轴交接处	6000	首层平面图
MQ-1	Ⓡ轴与⑪、⑫轴交接处	6000	首层平面图
MQ-2	③轴与Ⓕ、Ⓛ轴交接处	25200	首层平面图
MQ-3	③轴上与Ⓕ轴、Ⓛ轴交接处	27000	二层平面图

任务导图

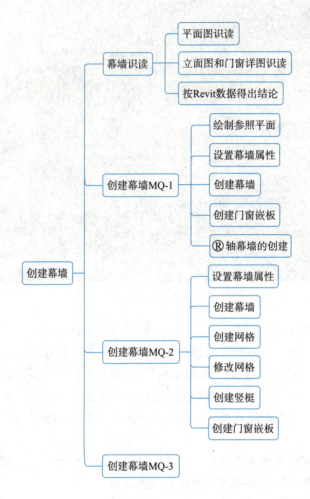

任务实施

1. 幕墙识读

1）平面图识读

该项目的幕墙有三种类型：MQ-1～MQ-3。MQ-1位于首层平面图上，幕墙的宽度为6000mm，与此对称，Ⓡ轴相应位置也有同样的一面幕墙。MQ-2也位于首层平面图上，作为连廊西侧的入户门，幕墙的宽度为25200mm。MQ-3位于二层平面图③轴与Ⓕ轴、Ⓛ轴交接处，幕墙的宽度为27000mm，三层平面图相同位置也有MQ-3，与二层是贯通的。

2）立面图和门窗详图识读

MQ-1的总高度为21000mm，纵向网格宽度为1000mm，横向网格高度为1400mm，有10个窗嵌板；MQ-2的总高度为4200mm，共分3行，各行高度自下而上分别为600mm、1800mm、1800mm，有4个门嵌板；MQ-3的总高度为8400mm，共分为5行，各行高度自下而上分别为2400mm、1800mm、900mm、900mm、2400mm，有16个窗嵌板，5个门嵌板。

3）按Revit数据得出结论

按Revit数据，得出如表2-10所示的结论。

表 2-10　各幕墙数据表　　　　　　　　　　　单位：mm

幕墙名称	垂直网格	水平网格	底部限制条件	底部偏移	顶部限制条件	顶部偏移	幕墙宽度（水平）
MQ-1	1000	1400	1层	0	楼顶	0	6000
MQ-2	1800	无	1层	0	2层	0	25200
MQ-3	900	无	2层	0	4层	0	27000

2. 创建幕墙 MQ-1

由于Ⓐ轴和Ⓡ轴的幕墙是对称的，可以先创建Ⓐ轴的幕墙，再用镜像的方式形成Ⓡ轴的幕墙。

创建幕墙 MQ-1

1）绘制参照平面

在"项目浏览器"中双击打开一层平面视图。由于幕墙 MQ-1 处没有起始位置，为精确定位，需要先创建参照平面。由首层平面图可知，幕墙 MQ-1 两端距⑪轴、⑫轴各 1000mm，长度为 6000mm。选择"建筑"→"工作平面"→"参照平面"命令，打开"修改 | 放置参照平面"选项卡，再选择"绘制"面板中的"拾取线"命令，在选项栏中将"偏移量"设置为 1000，如图 2-98 所示。

图 2-98　放置参照平面

分别在⑪轴和⑫轴的相应位置单击，创建两道参照平面，如图 2-99 所示。

2）设置幕墙属性

MQ-1 的总高度为 21000mm，顶部与标高 6（21.000m）平齐，底部与标高 1（±0.000m）平齐。

选择"建筑"→"墙"→"墙：建筑"命令，在"属性"面板中选择墙类型为"幕墙"，如图 2-100 所示。

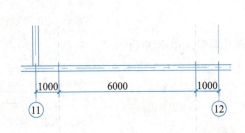

图 2-99　创建参照平面

图 2-100　选择幕墙类型

单击"编辑类型"按钮，弹出"类型属性"对话框。单击"复制"按钮，生成新幕墙类型，将其命名为"MQ-1"。对幕墙 MQ-1 的类型属性进行设置:"功能"设置为"外部",勾选"自动嵌入","幕墙嵌板"设置为"系统嵌板:玻璃";将"垂直网格"的"布局"设置为"固定距离","间距"为"1000";将"水平网格"的"布局"设置为"固定距离","间距"为"1400";"垂直竖梃"和"水平竖梃"的"内部类型"和"边界类型"均设置为"矩形竖梃 50mm×150mm"。设置完成后,单击"确定"按钮保存退出,如图 2-101 所示。

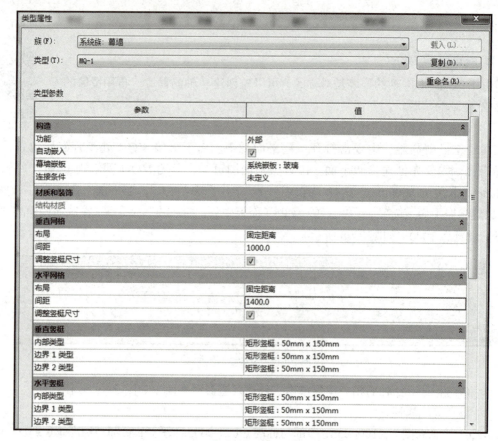

图 2-101　幕墙 MQ-1 的类型属性设置

在"属性"面板中,将"底部限制条件"设置为"1 层","底部偏移"设置为"0","顶部约束"设置为"直到标高:楼顶","顶部偏移"为"0",自动形成幕墙高度为 21000,如图 2-102 所示。

3)创建幕墙

按照图纸所示位置、尺寸在平面图绘制幕墙,单击外墙与两个参照平面的交点,即可完成幕墙的创建,如图 2-103 所示。

★说明:安装在实体墙中的幕墙,需要在类型参数中勾选"自动嵌入"功能,才能在实体墙中插入幕墙。

创建竖梃后的幕墙 MQ-1 如图 2-104 所示。

4)创建门窗嵌板

选择"插入"→"载入族"命令,依次打开"建筑"→"幕墙"→"门窗嵌板"文件夹,载入"窗嵌板_上悬无框铝窗"族,如图 2-105 所示。

图 2-102　幕墙 MQ-1 的属性设置

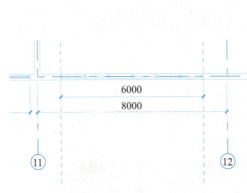

图 2-103　在平面图绘制幕墙　　　　图 2-104　幕墙 MQ-1（局部）

将鼠标指针放在需要安放窗户的嵌板边缘，按 Tab 键辅助选中该幕墙嵌板，若出现图钉锁定图标，则先要单击图钉解锁，在"属性"面板中选择"窗嵌板_上悬无框铝窗"，如图 2-106 所示。

原来的玻璃嵌板替换成窗嵌板，如图 2-107 所示。

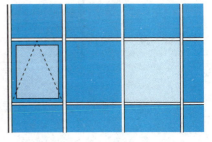

图 2-105　载入门窗嵌板　　图 2-106　选择窗嵌板　　图 2-107　创建窗嵌板

用同样的方法，依次创建其他窗嵌板，如图 2-108 所示。

图 2-108　其他窗嵌板创建完成

> **感悟思考**
>
> 在幕墙嵌板的教学内容中，融入"生态优先、绿色发展"思想。通过减少光污染讲授营造绿色生态环境的途径，提升学生的工程伦理意识。在此基础上，引导学生树立和践行"绿水青山就是金山银山"的理念。

5）Ⓡ轴幕墙的创建

南立面Ⓐ轴幕墙完成后，可利用"镜像"命令创建北立面的Ⓡ轴幕墙。

（1）打开一层平面视图，使用框选方式选中幕墙及其附近的所有构件，选择"修改"→"选择"→"过滤器"命令，只勾选需要镜像的构件类型，单击"确定"按钮，如图 2-109 所示。

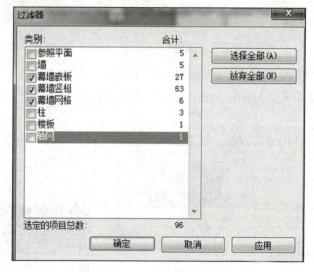

图 2-109　过滤器的使用

（2）选择"修改"→"镜像 - 拾取轴"命令，拾取位于Ⓗ轴与Ⓙ轴中心的参照平面，完成幕墙的镜像。

★说明：位于Ⓗ轴与Ⓙ轴中心的参照平面是在前期操作时创建的，如果以前没有创建或者已经删除，需要提前创建，也可以通过执行"镜像 - 绘制轴"命令来临时绘制对称轴。

3. 创建幕墙 MQ-2

1）设置幕墙属性

幕墙 MQ-2 的高度为 4200mm，位于教学楼一层③轴上，Ⓕ 轴与Ⓛ轴向内各偏移 380mm。在"项目浏览器"中双击一层，打开一层平面视图。MQ-2 的高度为 4200mm，底部在一层，顶部到二层。

创建幕墙 MQ-2

由于该幕墙的水平网格间距不相等，无法在布局设置中通过网格距离或者数量一次性完成，需要先将网格布局设置为无，后期再按照详图尺寸单独创建网格。

选择"建筑"→"墙"→"墙：建筑"命令，在"属性"面板中选择墙类型为"幕墙"，如图 2-110 所示。

单击"编辑类型"按钮,弹出"类型属性"对话框。单击"复制"按钮生成新幕墙类型,将其命名为"MQ-2",并对幕墙MQ-2 的类型属性进行设置:将"功能"设置为"内部",勾选"自动嵌入","幕墙嵌板"设置为"系统嵌板:玻璃";"垂直网格"的"布局"设置为"固定距离","间距"为"1800";"水平网格"的"布局"设置为"无";"垂直竖梃"和"水平竖梃"均设置为"无"。设置完成后,单击"确定"按钮保存退出,如图 2-111 所示。

在"属性"面板中将"底部限制条件"设置为"1 层","底部偏移"设置为"0","顶部约束"设置为"直到标高:2 层","顶部偏移"为"0","垂直网格"的"对正"改为"中心",如图 2-112 所示。

图 2-110 选择幕墙类型

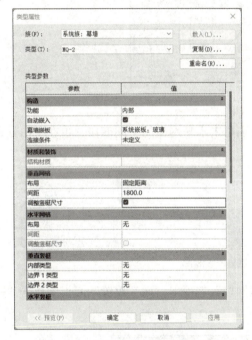

图 2-111 幕墙 MQ-2 类型属性设置

图 2-112 幕墙 MQ-2 的属性设置

2)创建幕墙

按照图纸所示位置、尺寸绘制幕墙 MQ-2。

3)创建网格

打开西立面视图,选择"建筑"→"构建"→"幕墙网格"命令,弹出"修改 | 放置幕墙网格"选项卡,单击"全部分段"按钮,如图 2-113 所示。

图 2-113 全部分段设置

沿着幕墙左边，分别按照 600mm、1800mm、1800mm 的距离从下向上依次单击创建水平网格，如图 2-114 所示。

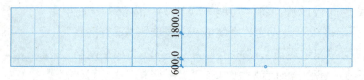

图 2-114　创建水平网格

4）修改网格

根据图纸可知，修改操作步骤如下。

（1）选中最下方的水平网格，执行"添加/删除线段"命令，如图 2-115 所示。

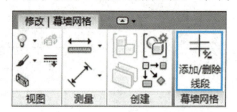

图 2-115　执行"添加/删除线段"命令

（2）执行"添加/删除线段"命令，分别单击水平网格的中间四段，再在空白处单击，该处网格线均被删除，如图 2-116 所示。

图 2-116　网格线删除

（3）选择"建筑"→"构建"→"幕墙网格"选项卡，在"放置"面板中单击"一段"按钮，如图 2-117 所示。

图 2-117　添加一段网格线

★说明：在创建幕墙网格时，除采用"全部分段"功能创建通长网格，还可以使用"一段"功能创建两条已有网格线间的一段网格，使用"除拾取外的全部"功能创建缺少特定几段的通长网格。

5）创建竖梃

选择"建筑"→"构建"→"竖梃"选项卡，选择矩形竖梃 50mm×150mm，在"放置"面板中单击"全部网格线"按钮，如图 2-118 所示。

再单击幕墙 MQ-2 上的任一条网格线，在所有网格线上创建竖梃，如图 2-119 所示。

图 2-118　放置竖梃面板

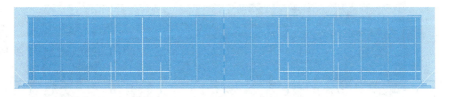

图 2-119　创建竖梃

6）创建门窗嵌板

需要先导入门族，选择"插入"→"载入族"命令，依次打开"建筑"→"幕墙"→"门窗嵌板"文件夹，载入"门嵌板_双开门 3"族，如图 2-120 所示。

将鼠标指针放在需要安放门的嵌板边缘，按 Tab 键辅助选中该幕墙嵌板，若出现图钉锁定图标，则先要单击图钉解锁，在"属性"面板中选择"门嵌板_双开门 3"，如图 2-121 所示。

图 2-120　载入门窗嵌板

图 2-121　选择门嵌板

将原来的玻璃嵌板替换成门嵌板，MQ-2 幕墙最终效果如图 2-122 所示。

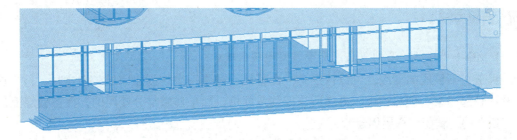

图 2-122　MQ-2 幕墙最终效果

4. 创建幕墙 MQ-3

选择"建筑"→"墙"→"墙：建筑"命令，在"属性"面板中选择墙类型为"幕墙"，单击"编辑类型"按钮，弹出"类型属性"对话框。单击"复制"按钮生成新幕墙类型，将其命名为"MQ-3"。对幕墙MQ-3的类型属性进行设置：勾选"自动嵌入"，"垂直网格布局"设置为"固定距离"，"间距"为"900"；设置"水平网格"的"布局"为"无"；"垂直竖梃"和"水平竖梃"均设置为"无"。设置完成后，单击"确定"按钮保存退出。

在"属性"面板中将"底部限制条件"设置为"2层"，"底部偏移"设置为"0"，"顶部约束"设置为"4层"，"顶部偏移"为"0"，"垂直网格"的"对正"改为"中心"，如图2-123所示。其他修改设置参照图纸，不再赘述。

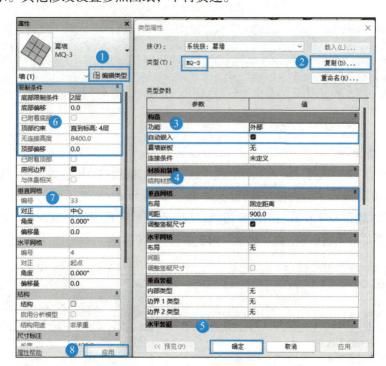

图 2-123　幕墙 MQ-3 的属性设置

创建 MQ-3

★ 说明：需要通过"幕墙网格"命令创建幕墙网格时，"类型参数"中默认竖梃应为无，当网格划分修改完成后，再用"竖梃"命令添加竖梃，如提前在"类型参数"中设置竖梃，编辑网格划分时会出现错误警告。

 实操答疑

1. MQ-1 贯通从一层到五层，是否需要逐层创建？

对于上下贯通的幕墙，可以认定是一面幕墙，需要一次性创建完成。创建时，只要正确设置底部约束、顶部约束，再加所需偏移量即可。如果幕墙是分楼层的，在各楼层上是相互独立的，就需要逐层创建。

2. 为什么插入幕墙上的门、窗时出现类型错误提示？

幕墙上的门、窗属于专用于幕墙的门、窗嵌板族，它不同于普通门、窗族，载入族时的路径为"建筑 - 幕墙 - 门窗嵌板"。如果使用的是普通门窗，就会出现类型错误提示。

3. 为什么有时无法替换幕墙的玻璃嵌板？

在 Revit 2016 版中，幕墙的玻璃嵌板默认是锁定的，将玻璃嵌板换成门、窗嵌板时，

需要先解除对玻璃嵌板的锁定,否则属性窗口是灰显的,不能选择其他嵌板。而在其他版本中,玻璃嵌板默认不被锁定,可以直接更换嵌板类型。

4. 怎么显示被临时隐藏的图元?

要想显示被隐藏的图元,操作方法是"重设临时隐藏/隔离"。

> **感悟思考**
>
> 学习幕墙建模阶段,引导学生运用绿色建筑模拟分析技术,对建筑方案进行能耗分析、采光分析、日照分析、声环境分析和风环境分析,感受绿色建筑的内涵。培养学生遵守绿色建筑设计规范,树立可持续发展的价值观。

> **BIM 技术在住宅园区物业管理中的应用及其优势**
>
> 近几年,BIM 技术的应用越来越广泛,在建筑领域也逐渐占据了核心地位。当然,在住宅园区的物业管理中,BIM 技术也发挥着不可替代的作用和优势。BIM 技术凭借其协同、可视化、模拟、优化等特点,大大改善并提高了建筑工程的品质及管理效率。另外,凭借其全生命周期的特性,在工程竣工之后的运维管理方面也拥有独特的应用,尤其是在安全应急管理方面的应用更为显著,受到众多业主单位的青睐。
>
> 预留维修更换设备:利用 BIM 很容易模拟设备的搬运路线,对今后 10 年甚至 20 年需更换的大型设备,如制冷机组、锅炉等做出管道可拆装、封堵、移位的预留条件。
>
> 人员定位:利用 BIM,可在晚间对巡视保安人员及运维的技工进行定位,了解每个人的移动轨迹,从而提高敏感区域的安全性,使物业整体保卫保密工作的水平进一步提高。
>
> 在火灾应急场景的应用:当火灾发生时,感应到烟雾,传感器联动模型自动预警并定位;自动显示楼宇分布、楼层信息和逃生路线;自动匹配最近的消火栓、救援路线;联动监控、电梯、能耗、通风。大屏中"问题一目了然,管理一键操作",应急管理一系列动作一气呵成。同时,指挥人员可以在大屏前凭借对讲系统进行广播疏散,根据大屏定位显示的起火点、蔓延区及电梯的各种运行数据指挥消防救援人员,帮助群众乘电梯疏散至首层或避难层。

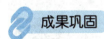

选择题

1. 幕墙系统是一种建筑构件,它主要由(　　)构件组成。

　A. 嵌板　　　　B. 幕墙网格　　　C. 竖挺　　　　D. 以上皆是

2. 下面对幕墙中竖挺的操作中,(　　)是可以实现的。

　A. 阵列竖挺　　B. 修剪竖挺　　　C. 选择竖挺　　D. 以上皆不可实现

3. 为幕墙上所有的网格线加上竖梃,应该选择( )命令。
   A. 单段网格线　　　B. 整条网格线　　　C. 全部网格线　　　D. 按住 Tab 键
4. 可以通过以下( )形式控制幕墙网格的排布。【多选】
   A. 固定距离　　　　B. 固定数量　　　　C. 最大间距　　　　D. 最小间距
5. 幕墙竖梃按照方向可以分为( )。【多选】
   A. 垂直竖梃　　　　B. 水平竖梃　　　　C. 斜向竖梃　　　　D. 外部竖梃

联考拓展

一、选择题("1+X" BIM 初级考试)

1. 【2020 年第一期】放置幕墙网格时,系统将首先默认捕捉到( )。
   A. 幕墙的均分处,或 1/3 标记处
   B. 将幕墙网格放到墙、玻璃斜窗和幕墙系统上时,幕墙网格将捕捉视图中的可见标高、网格和参照平面
   C. 在选择公共角边缘时,幕墙网格将捕捉相交幕墙网格的位置
   D. 以上皆对

2. 【2020 年第二期】如果无法修改玻璃幕墙网格间距,可能的原因是( )。
   A. 未点开锁工具　　　　　　　　　　B. 幕墙尺寸不对
   C. 竖梃尺寸不对　　　　　　　　　　D. 网格间距有一定限制

3. 【2020 年第二期】以下( )方法可以在幕墙内嵌入基本墙。
   A. 选择幕墙嵌板,将类型选择器改为基本墙
   B. 选择竖梃,将类型改为基本墙
   C. 删除基本墙部分的幕墙,绘制基本墙
   D. 直接在幕墙上绘制基本墙

4. 【2021 年第一期】在幕墙网格上放置竖梃时,如何部分放置竖梃?( )
   A. 按住 Ctrl 键　　B. 按住 Shift 键　　C. 按住 Tab 键　　D. 按住 Alt 键

5. 【2022 年第三期】以下( )方法可以在幕墙内嵌入基本墙。
   A. 选择幕墙嵌板,将类型选择器改为基本墙
   B. 选择竖梃,将类型改为基本墙
   C. 删除基本墙部分的幕墙,绘制基本墙
   D. 直接在幕墙上绘制基本墙

二、绘图题(图学学会 BIM 技能一级考试第一期第三题)

根据给出的北立面和东立面图,创建玻璃幕墙及其竖梃模型,项目以"幕墙"为文件名进行保存。(扫描二维码查看图纸)

绘图题资源

 答案

成果巩固

题号	1	2	3	4	5
选项	D	D	C	ABCD	AB

联考拓展

题号	1	2	3	4	5
选项	D	A	A	B	A

任务 8　创建楼梯

掌握教学楼图纸识图技能及用 Revit 创建楼梯的方法。

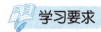

知识要求：

1. 掌握教学楼识图基本步骤。

2. 掌握用 Revit 创建楼梯的方法。

3. 掌握用 Revit 设置栏杆扶手属性的方法。

能力要求：

1. 能够识读图纸中楼梯的标识。

2. 能够识读图纸中楼梯大样图。

3. 能够创建常规楼梯。

4. 能够修改楼梯草图。

进阶要求：

能够创建异型楼梯。

任务准备

1. 认识楼梯

楼梯是最主要的垂直交通工具，创建楼梯时主要关注三个要素，即楼梯宽度、踏板深度、踢面高度或踢面数量，还要考虑楼梯的起始点、转折点、休息平台的尺寸等。该项目有四处楼梯，分别位于南楼（A 座）和北楼（B 座）的东、西两个入口，A 座和 B 座的楼梯是对称的，可以只创建 A 座的两个楼梯，再将其镜像到 B 座。

> **感悟思考**
>
> 　　曲槛旋梯几百重，望遥拾级接天通。人生路似攀登路，起落高低各不同。激发学生有攀登阶梯的上进心，只有这样，才能在人生路上越走越高，直到顶峰。只有站得高，才能看得远，激发同学走好人生的每一步台阶。

2. 教学楼图纸识读，确定楼梯的参数和位置

1）识读平面图

首先识读首层平面图，LT2 位于③、⑤轴与Ⓐ、Ⓑ轴围成的区域，LT1 位于⑫、⑬轴

与ⓒ、ⓔ轴围成的区域。由图可知，LT2是平行双分楼梯，LT1是典型的双跑楼梯。

2）识读楼梯详图

LT1 开间 3760mm，楼梯梯段宽度为 1850mm，楼梯井为 60mm，各楼层踏板深度均为 300mm，踢面高度均为 150mm，踢面数量每层均为 28 个，栏杆高度为 1100mm，五层楼面上要有栏杆。

LT2 开间 7760mm，中间楼梯梯段宽度为 3730mm，两端楼梯梯段宽度为 1850mm，楼梯井为 165mm，各楼层踏板深度均为 300mm，踢面高度均为 150mm，踢面数量均为 28，栏杆高度为 1100mm，五层楼面上要有栏杆。

3）识读剖面图

LT1 起始标高为 ±0.000m，共五层，每层28级，踢面高度为150mm，梯段总长度为3900mm，休息平台深度为2280mm，栏杆高度为1100mm。

LT2 起始标高为 ±0.000m，共五层，每层28级，踢面高度为150mm，梯段总长度为3900mm，休息平台深度为1880mm，栏杆高度为1100mm。

4）形成数据

识读提取数据填表 2-11。

表 2-11　楼梯数据　　　　　　　　　　　　　　　　　　　　　　　　单位：mm

楼梯名称	开间	梯段宽	梯段总长	踏步深	踢面高	梯井	楼梯平台宽	踏步数	栏杆高度
LT1	3760	1850	3900	300	150	60	2280	28	1100
LT2	7760	3730/1850	3900	300	150	165	1880	28	1100

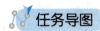
任务导图

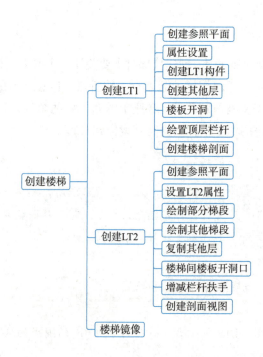

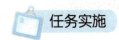

1. 创建 LT1

1）创建参照平面

由于楼梯梯段的起始位置、结束位置、中心线、平台的结束位置都没有轴网、墙体等定位信息，所以要先创建参照平面进行定位。

双跑楼梯
LT1的创建

在项目浏览器中打开一层平面视图。选择"建筑"→"工作平面"→"参照平面"命令，打开"修改|放置参照平面"选项卡，在"拾取"面板上选择拾取线命令，选项卡中偏移量输入1700，单击Ⓒ轴线，即可生成距离Ⓒ轴线1700mm的参照平面；偏移量输入2280，单击Ⓔ轴线墙内侧，即可生成第二条水平参照平面；同理，偏移量输入1850，分别单击⑫、⑬轴墙内侧线，即可生成另外两个竖向参照平面，如图2-124所示。

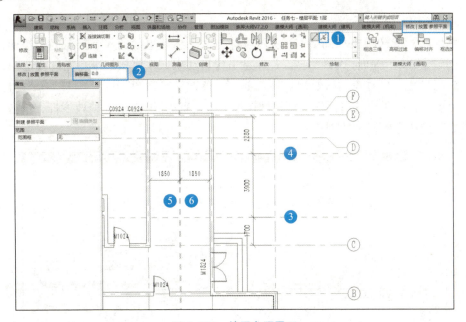

图 2-124 放置参照平面

★说明：上述偏移距离是墙内边到参照平面的距离，也可以以轴线作为参照，此时偏移距离应加上一半的墙厚。

2）属性设置

选择"建筑"→"楼梯"命令，在"属性"面板中，楼梯种类选择"整体浇筑楼梯"，单击"编辑类型"按钮，界面出现"类型属性"对话框，单击"复制"按钮，创建新楼梯类型，并命名为"LT1"，单击"确定"按钮返回。

选择梯段命令，在"属性"面板中，将底部标高设置为1层，顶部标高设置为2层，实际梯段宽度设置为1850，所需踢面数设置为28，定位线为梯段左，实际踏板深度设置为300，踢面高度自动计算为150，如图2-125所示。

★说明：也可将竖向参照平面设置到梯段中心线上，此时定位线是梯段：中心。应根据实际情况设置定位线。

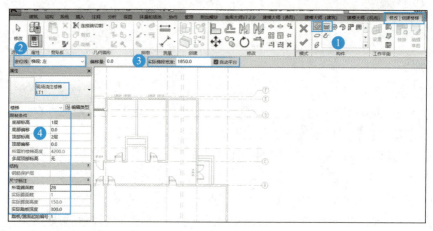

图 2-125　设置 LT1 属性

3）创建 LT1 构件

沿着梯段，依次单击如图 2-126 所示墙边与水平参照平面的 4 个交点创建楼梯，命令提示"创建了 14 个梯面，剩余 0 个"；休息平台自动生成，将楼梯平台轮廓线选中，拖曳造型操纵柄与墙边线对齐，修改休息平台；选择"修改楼梯草图"→"工具"→"栏杆扶手"命令，出现栏杆扶手设置对话框，将栏杆扶手类型设置为 1100mm，修改栏杆，单击"完成编辑模式"按钮完成楼梯的创建。

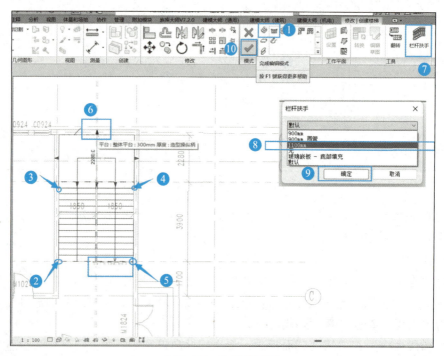

图 2-126　东梯平面图

在平面视图中框选楼梯构件，在"修改"→"选择楼梯"选项卡的"视图"面板中找到选择框命令，单击切换到三维视图，选中剖面框控制柄，调整剖面框位置，直到能显示 LT1 为止，选中靠墙边栏杆扶手删除，如图 2-127 所示。

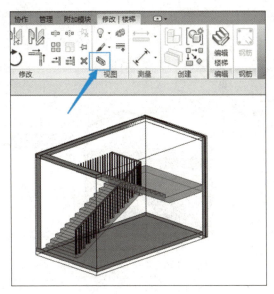

图 2-127 LT1 楼梯

> **感悟思考**
>
> 通过楼梯选择框与三维视图的对比，引出局部与整体辩证统一的关系，当部分以合理结构形成整体时，整体功能就会大于部分之和。

★说明：将剖面框选中，拖曳操纵柄即可控制显隐，通过 Shift+鼠标右键可控制视角，调整到最佳角度。

4）创建其他层

由于以上各层楼梯与一层完全相同，无须再单独创建，需要利用复制命令，复制到其他层，具体做法如图 2-128 所示，不再赘述。

★说明：如果是 Revit 2016 版本，选中楼梯后，在"属性"面板中将其多层顶部标高设置为五层即可。各楼层楼梯的起始点和转折点相同，可创建参照平面定位起始点和转折点。不同标高楼层间的楼梯相同时，可利用剪贴板进行复制，连续楼层间楼梯相同时，可通过用多层楼梯功能设置楼层标高。楼梯在平台处无扶手，栏杆扶手需要重新编辑。创建楼梯时，可同时放置平台下横梁。创建完成后，可在楼梯处建立剖面，检查创建内容是否与图纸一致。

5）楼板开洞

为了能够上下通行，楼梯间的楼板需要开洞口。各层楼板洞口大小、位置不一样时，可通过编辑楼板边界的方式开洞口，如果各层楼板洞口大小、位置完全相同，则可采用 Revit 提供的"竖井"命令来一次性完成。

打开一层平面图，选择"建筑"→"洞口"→"竖井"命令，如图 2-129 所示。

进入创建竖井洞口草图模式，选择"矩形边界线"命令，如图 2-130 所示。

在 LT1 的位置拖动鼠标，形成竖井边界，在"属性"面板中，将竖井的底部限制条件设置为 2 层，底部偏移 –500，顶部约束设置为 5 层，顶部偏移 500，如图 2-131 所示，将需要开洞口的二层到五层楼板全部包含在内，单击"完成编辑模式"按钮即可形成洞口。

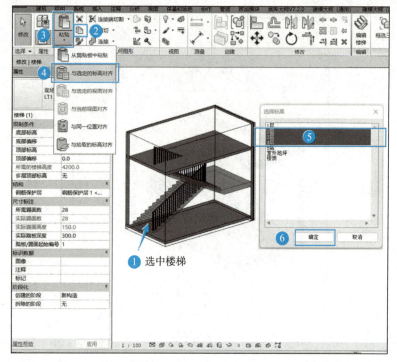

图 2-128 楼梯的复制

图 2-129 "竖井"命令

图 2-130 竖井边界线

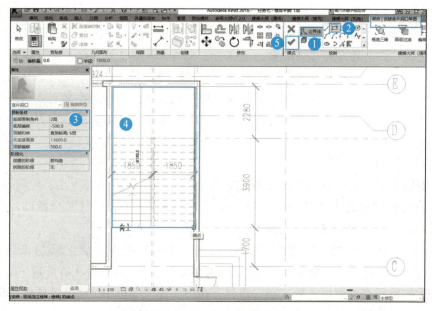

图 2-131 洞口属性设置

★说明：洞口只需要包括中间休息平台及梯段即可，楼层休息平台不要开洞。

楼梯完成图如图 2-132 所示。

感悟思考

通过设置多层楼梯属性，反思首层楼梯创建的重要性，培养学生精益求精的态度。

6）绘制顶层栏杆

五层的楼梯间开洞口后，洞口边缘没有栏杆，存在高处坠落的风险，需要加装栏杆。打开五层平面视图，选择"建筑"→"楼梯坡道"→"栏杆扶手"命令，如图 2-133 所示。

绘制顶层栏杆

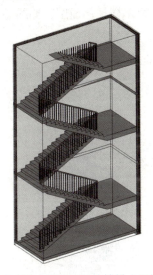

图 2-132　开洞口后的楼梯（局部）

图 2-133　"栏杆扶手"命令

在下拉菜单中选择"绘制路径"命令，进入创建栏杆扶手路径模式，选择绘制直线，在"属性"面板中选择 1100mm 栏杆扶手，在楼板开洞的位置绘制栏杆扶手的路径，如图 2-134 所示。

图 2-134　绘制栏杆扶手路径

单击绿色对号，完成路径创建，并退出创建栏杆扶手路径模式，新建的栏杆扶手如图 2-135 所示。

7）创建楼梯剖面

选择"视图"→"剖面"命令，单击两点，在楼梯处创建剖面符号，如图 2-136 所示。

创建楼梯剖面

★说明：选中剖面，单击剖面翻转符号，即可翻转剖面剖切方向。

图 2-135　创建栏杆扶手

在剖面符号上右击,执行"转到视图"命令,界面显示楼梯剖面图,如图 2-137 所示。

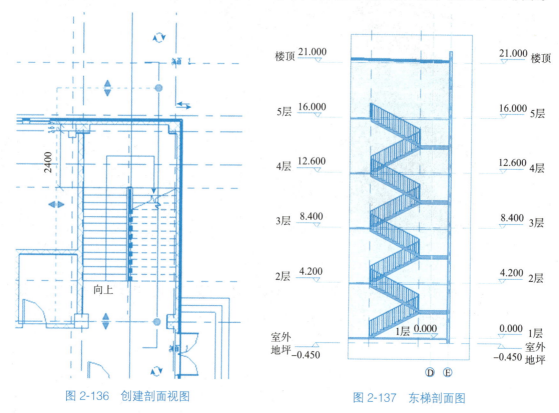

图 2-136　创建剖面视图　　　　　　　图 2-137　东梯剖面图

★说明:创建剖面后,也可以在项目浏览器剖面中找到它,双击可打开剖面视图。
检查楼梯是否按图纸要求进行绘制。最终 LT1 三维视图如图 2-138 所示。

2. 创建 LT2

1)创建参照平面

在项目浏览器中打开一层平面视图,由于楼梯梯段的起始位置、结束位置、中心线、平台的结束位置都没有轴网、墙体等定位信息,所以要先创建参照平面进行定位。绘制楼梯起始位置、平台起始位置、平台结束位置、三段梯段中心线位置等参照平面。

参照平面创建方式同 LT1,不再赘述。最终参照平面如图 2-139 所示。

平行双分楼梯
LT2的创建

模块 2 　建筑建模及表现 | 97

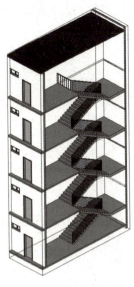

图 2-138　LT1 三维视图

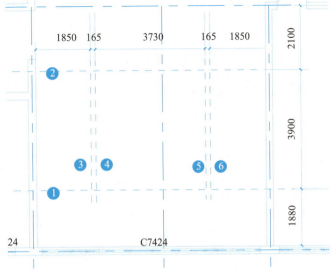

图 2-139　创建参照平面

2）设置 LT2 属性

选择"楼梯"命令，在楼梯属性对话框中，默认为 LT1，单击"编辑类型"按钮，在"类型属性"选项卡中单击"复制"按钮，创建新楼梯类型，并将其命名为 LT2，各类型属性值采用默认值，单击"确定"按钮返回。

★说明：Revit 2016 版本创建楼梯，首先选择"建筑"→"楼梯"→"楼梯（按构件）"命令，进行按构件创建楼梯模式。

3）绘制部分梯段

在"属性"面板中，将底部标高设置为 1 层，顶部标高设置为 2 层，偏移都为 0，所需踢面数设置为 28，实际踏板深度设置为 300，踢面高度自动计算为 150。在选项栏中，将定位线设置为"梯段：左"，实际梯段宽度设置为 3730，右上角参照平面交点为起点，依次单击第一梯段开始位置、第一梯段结束位置，生成第一梯段，如图 2-140 所示。

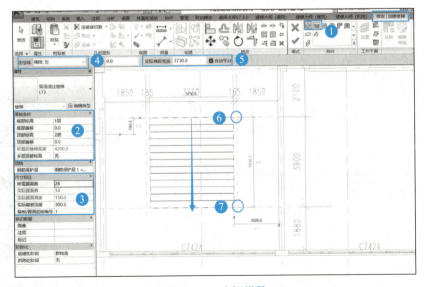

图 2-140　中间梯段

将实际梯段宽度设置为1850，依次单击图示第二梯段开始位置①、第二梯段结束位置②，生成第二梯段，如图2-141所示。

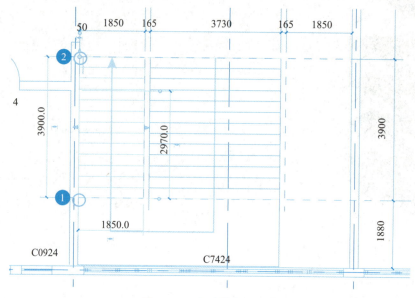

图 2-141 部分梯段平面图

4）绘制其他梯段

将左侧梯段镜像至右侧，选中中间休息平台，拖曳控制点至墙边，单击"完成"按钮，如图2-142所示。

5）复制其他层

由于以上各层楼梯与一层完全相同，无须再单独创建，按 **Ctrl** 键选中 LT1 各部分后，选择"剪贴板"→"复制"命令，再选择"剪贴板"→"粘贴"→"与选定标高对齐"命令，出现选择标高对话框，选中标高二、三、四层，单击"确定"按钮，步骤同LT1，选择框选择平面LT2构件打到三维状态，最终三维图如图2-143所示。

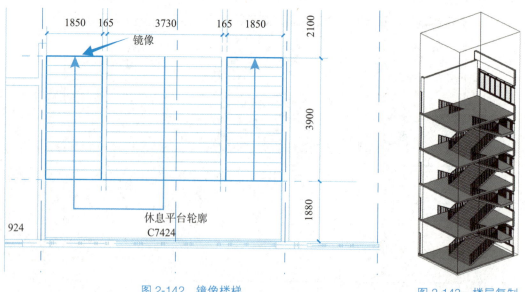

图 2-142 镜像楼梯　　　　　图 2-143 楼层复制

6）楼梯间楼板开洞口

开洞同LT1，在"属性"面板中，将竖井底部限制条件设置为2层，底部偏移 –500，顶部约束设置为5层，顶部偏移500，单击"完成编辑模式"按钮形成洞口，操作如图2-144所示。

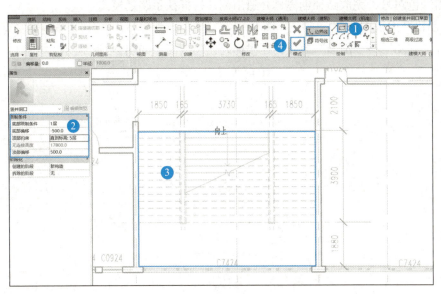

图 2-144　楼梯间开板洞

7）增减栏杆扶手

室内楼梯的外侧紧贴墙壁，没必要存在栏杆扶手，转到各层平面图，选中LT2外侧栏杆扶手，将其删除。

五层的楼梯间开洞口后，洞口边缘没有栏杆，存在高处坠落的风险，需要加装栏杆。

打开五层平面视图，选择"建筑"→"楼梯坡道"→"栏杆扶手"命令，从下拉菜单中选择"绘制路径"命令，进入创建栏杆扶手路径模式，绘制直线，在属性对话框中选择"1100mm 栏杆扶手"，在楼板开洞的位置绘制栏杆扶手的路径，如图2-145所示。

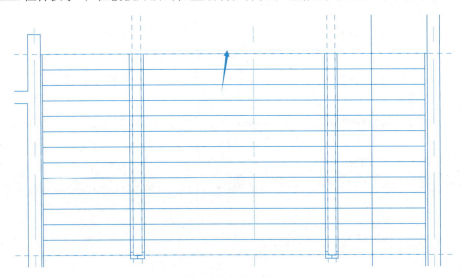

图 2-145　绘制栏杆扶手路径

> **感悟思考**
>
> 通过竖井开洞，栏杆定位及优化，培养学生的安全意识和精益求精的工匠精神。

单击绿色对号，完成路径创建，并退出创建栏杆扶手路径模式。

8）创建剖面视图

选择"视图"→"剖面"命令，在楼梯处创建剖面，如图 2-146 所示。

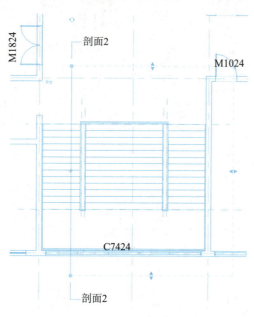

图 2-146　创建剖面视图

在剖面符号上右击，执行"转到视图"命令，显示楼梯剖面图，如图 2-147 所示。

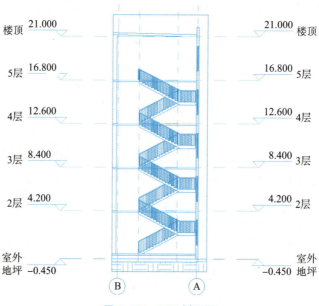

图 2-147　LT2 剖面图

3. 楼梯镜像

由于北楼（B 座）的东梯和西梯与南楼的完全一致，因此不必重复创建，采用镜像方式复制到北楼（B 座）即可。

楼梯镜像

打开三维视图，调整至俯视状态，使用框选方式选中楼梯及其附近所有构件，选择"修改"→"选择"→"过滤器"命令，只勾选需要镜像的构件类型，单击"确定"按钮，如图 2-148 所示。

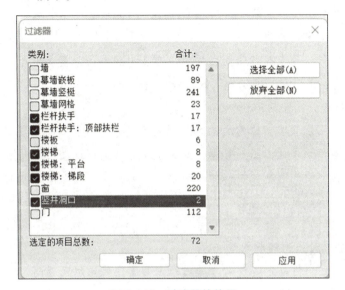

图 2-148 过滤器的使用

选择"修改"→"镜像-绘制轴"命令，绘制⑪轴与①轴墙中心的轴线，完成楼梯的镜像。

★说明：三维视图默认执行上一个剖面框命令，在三维视图"属性"面板的范围选项卡中找到剖面框，取消复选框的勾选，即可显示整体三维视图。

1. 楼梯从一层到五层，是否需要逐层创建？

对于连续多层结构相同的楼梯，可以只创建最底层的楼梯，然后将楼梯的"多层顶部标高"属性设置为最高一层的标高即可。如果相同的楼梯不在连续层，则可通过复制到指定层来完成。

2. 楼梯梯段的级数是指踢面数量还是踏面数量？

一般来说，梯段起止位置都是踢面，因此，一段楼梯的踢面数要比踏面数多 1，在表述楼梯级数时，通常是指踢面数量。

> 感悟思考
>
> 学生组成项目团队，团队成员基于任务书内容进行任务分解，按照任务书要求完成 BIM 设计各模块的任务内容，学生可以充分体会团队协作的重要性。

BIM对提高人才的综合素质有四个影响

1. BIM能够提升人才的专业素质

现代工程项目越来越复杂,传统的教学方式很难清楚、直观地呈现项目的决策、实施和管理过程。而BIM能够模拟项目设计、施工、管理的整个过程,能够增进学生对专业知识的理解和掌握,由此提升专业素质。

2. BIM能够提升人才的实践能力

通过BIM的课程大作业或跨专业设计,让学生真正面对工程项目的设计、施工、管理等问题,并与其他专业的学生共同解决专业难题,由此提高学生的跨专业学习能力、解决问题的能力以及对理论知识的实践应用能力。

3. BIM能够提升人才的沟通和协作能力

现代工程对项目管理者的沟通能力和团队协作能力提出更高的要求。通过BIM的课程大作业或跨专业设计,工程管理专业的学生能够更好地理解不同专业之间的相互影响;不同专业需要的信息类型;如何有效传递和共享不同专业之间的信息;工程项目的团队合作对项目绩效的影响,由此增强学生跨专业的沟通能力,培养团队协作的精神。

4. BIM能够提升人才的职业竞争力

现代工程项目变得越来越复杂,项目精细管理的要求越来越高,专业化程度越来越强,因此,学会应用BIM技术,可以更有效地解决现代工程项目的难题,将能显著增强管理中的竞争力,获得更多的职业成长机会。

成果巩固

选择题

1. 楼梯绘制时,有按构件和(　　)两种绘制方式。
   A. 按形式　　　　　　　　　　B. 按结构类型
   C. 按几何形状　　　　　　　　D. 按草图
2. 以下(　　)方式可以一次性创建跨层的楼梯间楼板洞口。
   A. 按面　　　　　　　　　　　B. 垂直洞口
   C. 竖井　　　　　　　　　　　D. 以上都不对
3. 使用Revit创建楼梯时,在"修改|创建楼梯"→"构件"中不包含(　　)构件。
   A. 支座　　　　　　　　　　　B. 平台
   C. 梯段　　　　　　　　　　　D. 梯边梁
4. 在Revit中创建楼梯时,可以将其分为(　　)进行创建。【多选】
   A. 梯段　　　　　　　　　　　B. 平台
   C. 支座　　　　　　　　　　　D. 楼板

5. 栏杆扶手可以放置在（　　　）上。【多选】
   A. 绘制路径　　　B. 主体　　　C. 楼板　　　D. 楼梯
   E. 幕墙

联考拓展

一、选择题

1.【2019年第二期"1+X"BIM初级考试】以下关于创建栏杆扶手的说法中正确的是（　　）。
   A. 可以直接在建筑平面图中创建栏杆扶手
   B. 可以在楼梯主体上创建栏杆扶手
   C. 可以在坡道上创建栏杆扶手
   D. 以上均可

2.【2020年第二期"1+X"BIM初级考试】下列图元属于系统族的是（　　）。
   A. 施工围挡　　　　　　　　　B. 楼梯
   C. 施工机械设备　　　　　　　D. 地形表面

3.【2021年BIM工程师考试试题】下列关于扶手的描述中，错误的是（　　）。
   A. 扶手不能作为独立构件添加到楼层中，只能将其附着到主体上，例如楼板或楼梯
   B. 扶手可以作为独立构件添加到楼层中
   C. 可以通过选择主体的方式创建扶手
   D. 可以通过绘制的方法创建扶手

4.【2021年BIM工程师考试试题】设置栏杆扶手中横向扶栏之间的高度，是单击"类型属性"对话框中（　　）参数进行编辑。
   A. 扶栏结构　　　　　　　　　B. 扶栏位置
   C. 扶栏偏移　　　　　　　　　D. 扶栏连接

5.【2022年BIM工程师考试试题】栏杆扶手的对齐方式是（　　）。【多选】
   A. 起点　　　　　　　　　　　B. 终点
   C. 等距　　　　　　　　　　　D. 中心
   E. 展开样式以匹配

二、绘图题（图学学会BIM技能一级考试第一期第二题）

按照给出的弧形楼梯平面图和立面图创建楼梯模型，其中楼梯宽度为1200mm，所需踢面数为21，实际踏板深度为260mm，扶手高度为1100mm，楼梯高度参照给定标高，结果以"弧形楼梯"为文件名保存。（扫描二维码查看图纸）

绘图题资源

 答案

成果巩固

题号	1	2	3	4	5
选项	D	C	D	ABC	ABCD

联考拓展

题号	1	2	3	4	5
选项	D	B	A	A	ABD

任务 9　创建屋顶和天花板

掌握教学楼图纸识图方法及 Revit 创建屋顶和天花板的方法。

知识要求：

1. 掌握教学楼识图的基本步骤。

2. 掌握创建 Revit 屋顶及天花板的方法。

3. 掌握设置 Revit 屋顶材质的方法。

能力要求：

1. 能够识读图纸中的屋顶大样图。

2. 能够创建常规屋顶。

3. 能够修改屋顶草图。

4. 能够初设天花板吊顶。

进阶要求：

能够创建拉伸屋顶。

任务准备

1. 认识屋顶

屋顶是建筑的重要组成部分，Revit 软件中提供了多种创建屋顶的方式，比如迹线屋顶、拉伸屋顶、面屋顶、玻璃斜窗等。迹线屋顶适用于有确定的边界、每条边界有指定的坡度（各边界坡度可以不相同，甚至坡度为 0）的屋顶。拉伸屋顶适用于截面形状有特殊要求但形状相同的带状屋顶。面屋顶适用异形屋顶，比如曲面屋顶等。玻璃斜窗适用于创建顶棚。另外，一些特殊造型的屋顶还可以通过内建模型来创建。

2. 认识天花板

天花板是指建筑物室内顶部表面的地方，是对装饰室内屋顶材料的总称。天花吊顶主要用于机场、车站、写字楼、商场、地铁站及住宅等场所。可使用 Revit 中的"天花板"工具在天花板所在的标高之上按指定的距离创建天花板。若要放置天花板，可单击构成闭合环的内墙或绘制其边界。

任务导图

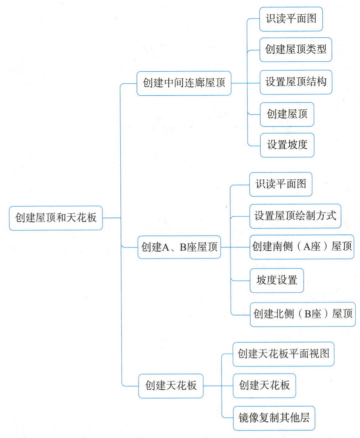

任务实施

1. 创建中间连廊屋顶

1）识读平面图

该项目包含三处屋顶，分别位于中间连廊三层屋顶以及南北两边 A、B 座的五层屋顶。中间连廊屋顶可在四层平面图中识读，连廊屋顶为平屋顶，构造坡度为 2%。

连廊屋顶的创建

2）创建屋顶类型

选择"建筑"→"构建"→"屋顶"→"迹线屋顶"命令，如图 2-149 所示。

在"属性"面板中选择一种常规屋顶，单击"编辑类型"按钮，出现"类型属性"对话框，再单击"复制"按钮，将新屋顶命名为"架空隔热保温屋顶-混凝土"，单击"确定"按钮完成复制，如图 2-150 所示。

图 2-149 "迹线屋顶"命令

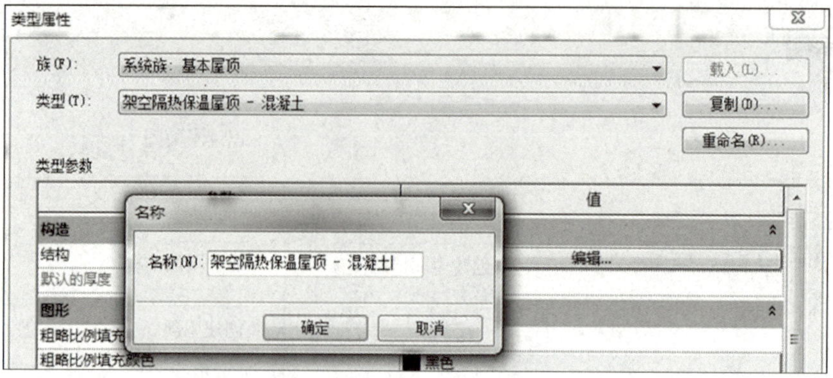

图 2-150 新建屋顶类型

> **感悟思考**
>
> 通过太阳能屋顶和绿化屋顶，引入绿色环保概念，培养学生在工程建设中的绿色、节能、环保意识；提升学生对自然环境、社会环境在项目建设中重要性的认识。

3）设置屋顶结构

按要求创建屋顶各层的功能、材质、厚度等参数，如图 2-151 所示。

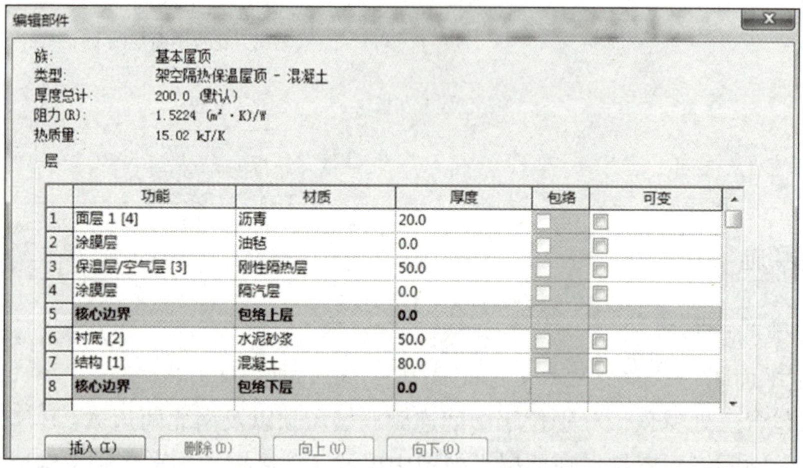

图 2-151 屋顶组成结构

★说明：材质新建后，在材质浏览器中找到相似材质双击"赋予"，一般项目已经预先在样板文件里设置好所有材质，直接搜索使用即可。

单击"确定"按钮，返回类型属性对话框，再单击"确定"按钮，进入迹线屋顶编辑状态，选择"拾取墙"的方式绘制屋顶边界线，取消"定义坡度"选项勾选，如图 2-152 所示。

图 2-152 属性设置

4）创建屋顶

Revit 提供了多种绘制边界线的方式，当某屋顶位于由一种类型的墙围成的闭合区间时，可以使用"拾取墙"的方式，依次单击屋顶的女儿墙，围成闭合区域，粉红色线段即为屋顶的边界，断开、超出的部分可使用"修剪/延伸为角"命令进行修正，结果如图 2-153 所示。

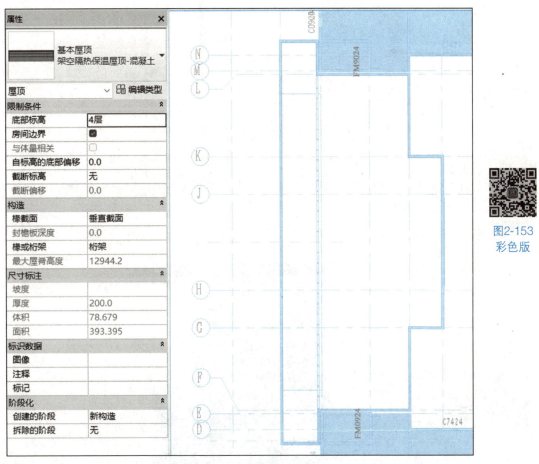

图2-153 彩色版

图 2-153 三层屋顶的边界

★说明：屋顶轮廓沿墙内边围成闭合区域，如果默认拾取的墙外边线，可通过选中直线后，翻转箭头进行内、外边线的转换。

5）设置坡度

粉红色三角形表示此处屋顶有坡度，坡度值在"属性"面板中设置，正数为向上起坡，负数为向下起坡，用于设置比较规则的屋顶坡度，此处东、西两侧的屋顶坡度为2%，单击最外侧两条垂直的轮廓线，勾选"定义屋顶坡度"，坡度设置为2%，系统自动将2%转换成 1.15°，如图 2-154 所示。

单击选项卡中的"完成编辑模式"按钮（绿色对号），完成屋顶创建，如图 2-155 所示。

★说明：对于没有坡度的屋顶，在任务栏中取消勾选"定义坡度"即可，不能将"属性"面板中的坡度值设置为 0，否则将影响以后的操作。

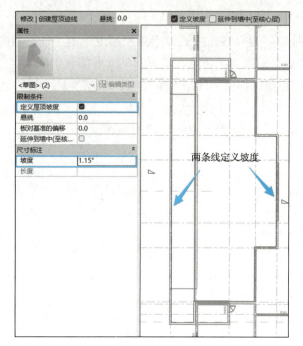

图 2-154　定义坡度

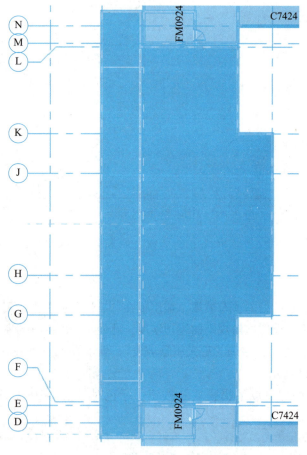

图 2-155　创建成功的屋顶

2. 创建 A、B 座屋顶

1）识读平面图

南楼（A 座）和北楼（B 座）是对称的，屋顶可通过镜像得到。A、B 座屋顶可在屋顶平面图中识读，A、B 座屋顶为平屋顶，构造坡度为 2%。

A、B 座屋顶的创建

2）设置屋顶绘制方式

在项目浏览器中打开楼顶平面视图，选择"建筑"→"构建"→"屋顶"→"迹线屋顶"命令，在"属性"面板中选择"架空隔热保温屋顶 - 混凝土"，进入迹线屋顶编辑状态，取消"定义坡度"选项，如图 2-156 所示。

图 2-156　创建迹线的方式

3）创建南侧（A 座）屋顶

使用"拾取墙"的方式，依次单击屋顶的女儿墙，围成闭合区域，粉红色线段即为屋顶的边界，断开、超出的部分可使用"修剪/延伸为角"命令进行修正，如图 2-157 所示。

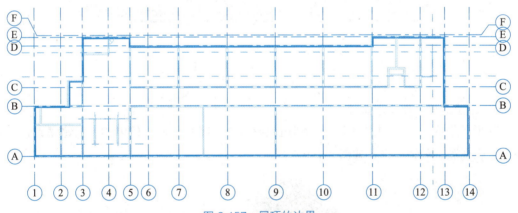

图 2-157　屋顶的边界

★说明："修剪/延伸为角"命令可将两个所选图元修剪或延伸成一个角，选择需要将其修剪成角的图元时，应确保单击部分为要保留的图元。操作方式如下：单击"修改"选项卡中的"修改"面板（修剪/延伸为角部），选择每个图元。

4）坡度设置

单击水平两侧最外侧的轮廓线，勾选"定义屋顶坡度"，将坡度设置为 2%，如图 2-158 所示。

★说明：如果刚绘制完边界时，三条边界上有粉红色三角形，则需要取消其"定义坡度"。单击选项卡中的"完成编辑模式"按钮（绿色对号），完成屋顶创建，如图 2-159 所示。

> **感悟思考**
>
> 引入不同的屋顶形式，使学生感受屋顶造型之美，体会近年来我国数字信息化的高速发展，增强学生民族自豪感。

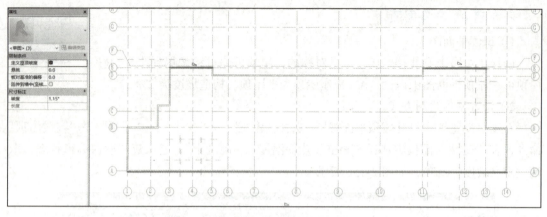

图 2-158 设置边界的坡度

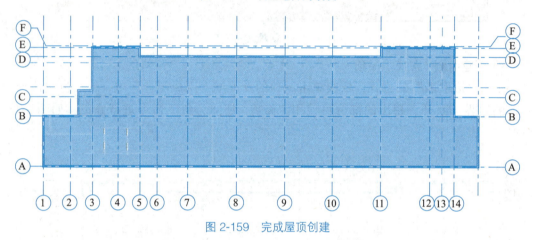

图 2-159 完成屋顶创建

5）创建北侧（B 座）屋顶

在楼顶平面视图选中 A 座屋顶，利用镜像命令完成 B 座屋顶的创建。创建完成后，切换到三维视图，观察屋顶，如图 2-160 所示。

图 2-160 屋顶效果图

3. 创建天花板

1）创建天花板平面视图

根据要求对⑪、⑫轴交ⓒ、ⓔ轴的厕所进行吊顶，单击"视图"选项卡中的"创建"面板（平面视图）下拉箭头，选择天花板投影平面，调出新建天花板平面框，选中所有平面，单击"确定"按钮，如图 2-161 所示，项目浏览器中出现花板平面视图。

天花板的创建

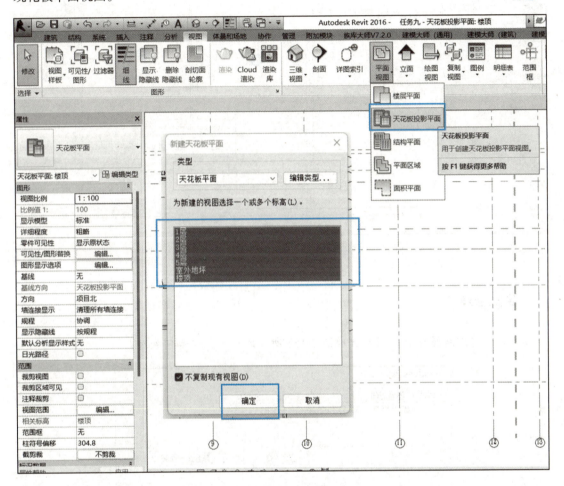

图 2-161 天花板平面视图

2）创建天花板

单击"建筑"选项卡中的"构建"面板（天花板），在"类型选择器"中选择天花板类型为"基本天花板常规"。天花板标高自 1 层偏移 3200，单击"自动创建天花板"按钮，将厕所墙体作为天花板边界，自动生成天花板平面，具体操作如图 2-162 所示。

3）镜像复制其他层

选择要镜像的两块天花板图元，在"修改|〈图元〉"选项卡的"修改"面板中单击"镜像-拾取轴"，即可完成镜像。框选首层构件，过滤器中只保留天花板，利用层间"复制"命令将其复制到其他层，此处不再赘述。

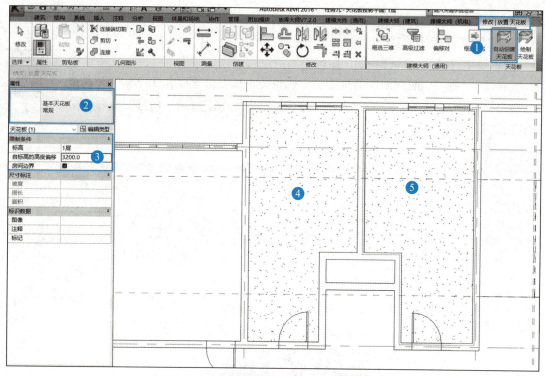

图 2-162 创建厕所天花板

实操答疑

1. 在创建迹线屋顶时,经常出现图 2-163 所示的提示,该如何处理?

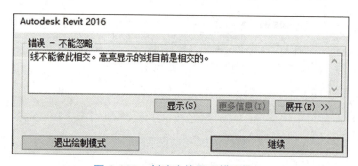

图 2-163 创建迹线屋顶错误提示

在使用迹线屋顶方式创建屋顶时,需要用迹线确定屋顶的边界,边界必须是闭合的,不允许有断开、重复、超出的迹线,如果出现以上情况,将出现图 2-163 中的提示,并将有问题的迹线高亮显示,此时,单击"继续"按钮即可返回迹线编辑状态继续编辑。

对于断开或超出的迹线,放大操作界面后,一般可以发现通过"修剪 / 延伸为角"命令即可解决问题。重复的迹线比较难发现,如果遇到看似没问题却高亮显示的迹线,可以尝试删除这条迹线,会发现此处还有一条迹线,这就是迹线重复的问题。采用拾取线方式创建迹线时,会经常遇到类似问题。

2. 迹线能否嵌套？

对于屋顶上开洞的情况，可以使用"洞口"命令实现，也可以采用迹线嵌套的做法来实现，即确定了屋顶的边界后，再确定洞口的边界，屋顶边界是闭合的，洞口边界也是闭合的，洞口边界要完全包含在屋顶边界内部。

> **BIM技术是建筑企业管理的必然选择**
>
> 在建造阶段，通过数据支撑、技术支撑和协同支撑等，将为施工企业带来巨大的便利。
>
> 一是提升项目中标率，使用BIM系统可以制订更加合理、炫目的施工方案，展现强大的可视化方案效果，精准地进行工程量和造价测算，能大幅提高投标竞争力，提升中标率，已有相当多的企业和项目用BIM技术提升投标竞争力，案例数不胜数。投标中不用BIM技术，则会落后于竞争对手。
>
> 二是可以优化项目策划，如果项目中标，应筹划如何更好地实施，以获得最大效益、控制好工期、保证质量和安全，项目部都会进行项目策划，制订实施目标。利用好BIM技术，更好地做好项目策划，无疑能让项目策划能力大幅提升。
>
> 三是可以提升过程计划控制能力。BIM系统强大的数据能力，可以帮助项目经理从容掌控计划，预知后续进展的资源需求和产值目标，提升资金支付控制能力，防止供应商、分包商高估冒算等。
>
> 四是有效控制工期。利用BIM技术，可通过碰撞检查功能、精确定位预留洞、净高检查、快速资源计算、可视化交底等功能，帮助项目及时找出各专业冲突、减少返工、快速协同施工，以加快工期。
>
> 此外，BIM技术可在及时识别危险源、方案模拟、可视化安全交底、减少安全隐患、大幅增加利润降低成本等方面发挥巨大的作用。

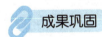

成果巩固

选择题

1. Revit 创建屋顶的方式不包括（　　）。
   A. 面屋顶　　　　　　　　　　B. 放样屋顶
   C. 迹线屋顶　　　　　　　　　D. 拉伸屋顶
2. Revit 中坡屋顶的创建可以通过（　　）实现。【多选】
   A. 修改子图元　　　　　　　　B. 添加坡度箭头
   C. 创建斜楼板　　　　　　　　D. 设置边界线坡度
3. 下列属于坡度箭头限制条件的是（　　）。【多选】
   A. 最低处标高　　　　　　　　B. 最高处标高
   C. 尾高度偏移　　　　　　　　D. 头高度偏移
4. Revit 提供的屋顶构件包含（　　）。【多选】
   A. 屋檐：底板　　B. 屋檐：山墙　　C. 屋顶：封檐板
   D. 屋顶：檩条　　E. 屋顶：檐槽

5. 下列关于创建屋顶所在视图的说法中正确的是（　　）。【多选】
   A. 迹线屋顶可以在立面视图和剖面视图中创建
   B. 迹线屋顶可以在楼层平面视图和天花板投影平面视图中创建
   C. 拉伸屋顶可以在立面视图和剖面视图中创建
   D. 拉伸屋顶可以在楼层平面视图和天花板投影平面视图中创建
   E. 迹线屋顶和拉伸屋顶都可以在三维视图中创建

联考拓展

一、选择题

1.【2020年第二期"1+X"BIM初级考试】在屋顶上创建天窗，并在窗统计表中统计该天窗，应选用的族模板是（　　）。
   A. 公制常规模型　　　　　　　B. 公制窗
   C. 基于屋顶的公制常规模型　　D. 基于面的公制常规模型

2.【2021年BIM工程师考试试题】不可用垂直洞口命令进行开洞的对象是（　　）。
   A. 屋顶　　　　　　　　　　　B. 墙
   C. 楼板　　　　　　　　　　　D. 天花板

3.【2021年BIM工程师考试试题】天花板高度受（　　）定义。
   A. 高度对标高的偏移　　　　　B. 创建的阶段
   C. 基面限制条件　　　　　　　D. 形式

4.【2022年BIM工程师考试试题】如何在天花板建立一个开口？（　　）
   A. 修改天花板，将"开口"参数的值设为"是"
   B. 修改天花板，编辑它的草图加入另一个闭合的线回路
   C. 修改天花板，编辑它的外侧回路的草图线，在其上产生曲折
   D. 删除这个天花板，重新创建，使用坡度功能

5.【2022年BIM工程师考试试题】在一层平面视图创建天花板，为何在此平面视图中看不见天花板？（　　）
   A. 天花板默认不显示
   B. 天花板的网格只在3D视图显示
   C. 调整视图范围，天花板平面可以看见
   D. 天花板只有渲染才看得见

二、绘图题（图学学会BIM技能一级考试第二期第三题）

按照平、立面图绘制屋顶，屋顶板厚均为400，其他尺寸自定，结果以"屋顶"为文件名保存。（扫描二维码查看图纸）

绘图题资源

成果巩固

题号	1	2	3	4	5
选项	B	ABD	ABCD	ACE	BCE

联考拓展

题号	1	2	3	4	5
选项	C	B	A	B	C

任务 10 创建场地

独立掌握教学楼场地的竖向识图能力及使用 Revit 绘制地形表面的方法。

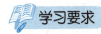

知识要求：

1. 掌握教学楼场地竖向识图的基本步骤。

2. 掌握场地建模的方法及路径。

3. 掌握修改场地的方法。

能力要求：

1. 能够借助参照平面交点添加地形表面，并进行场地编辑。

2. 能够进行场地构件的布置。

3. 能够合理修改场地地坪，创建建筑地坪及子面域。

进阶要求：

独立进行复杂场地的创建及编辑修改。

任务准备

1. 场地是什么？

教学楼场地的设计实质是绘制一个地形表面，再添加建筑地坪以及场地构件。然后可以为这一场地设计创建三维视图，或对其进行渲染，以提供更真实的演示效果。一般场地效果可在总平图上观察。

2. 建筑地坪是什么？

建筑地坪工具适用于快速创建水平地面，如建筑开挖土方、绘制与场地标高不同的水平道路等。

3. 了解地形子面域在场地绘制中的作用。

"子面域"可以将地形表面划分为多个区域，从而对其赋予不同属性或材质。例如，可以利用"子面域"在地形表面上绘制道路、绿化和停车场，结合实际情况对其赋予不同材质。

4. 了解场地构件及指北针在建模中的作用。

场地构件是指花草、树木、人、车等场地附属物，场地构件可以使整个建筑模型场景更加丰富。指北针作为总平面图中的必要构件，有方便识图和测量定位的作用。

任务导图

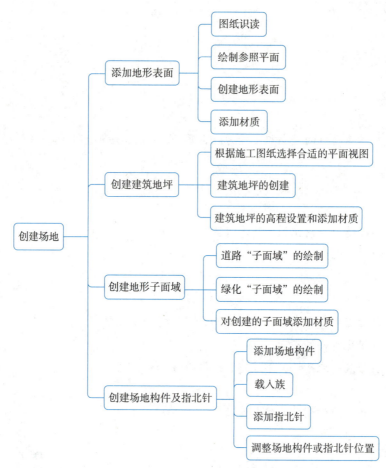

任务实施

1. 添加地形表面

1）图纸识读

地形表面是建筑场地的地形图形,能详细反映建筑所在位置周边地形的竖向高程和地形地貌。在绘制模型的过程中,为防止视图信息混杂,在默认情况下,地形地表在楼层各平面视图中不予显示。同学们可以在三维视图或楼层平面的"场地"视图中对地形表面进行创建和修改。

创建地形表面

根据教学楼施工图纸中的首层平面图,可以确定建筑周围场地标高为 –0.450m。建筑场地范围包含建筑周边主要道路和场地构件,可以确定东西向沿建筑外侧轴线扩展 40m,南北向沿建筑外侧轴线扩展 20m。

2）绘制参照平面

在"项目浏览器"中的"楼层平面"下,双击"地形"进入场地视图,如图 2-164 所示。

★说明:"参照平面"在三维视图下是灰色状态（不能被选中）,需要将视图在"项目浏览器"中选择非"三维视图"时才能选中并创建。

模块 2　建筑建模及表现 | 117

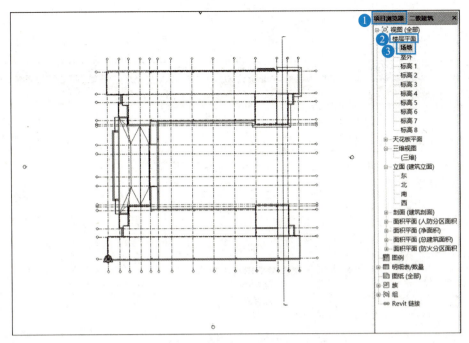

图 2-164　场地视图

在"建筑"选项卡的"工作平面"面板中选择"参照平面"命令,在①号轴线左侧垂直方向上、下单击两点,创建一条垂直参照平面。选择新绘制的参照平面,单击新出现的临时尺寸数字,输入 40000,按 Enter 键确认,使新建参照平面与 1 号轴线之间距离为 40m。

用同样的方法,在⑭号轴线右侧 40m、A 号轴线下方 20m、Ⓡ号轴线上方 20m 分别绘制参照平面,如图 2-165 所示。

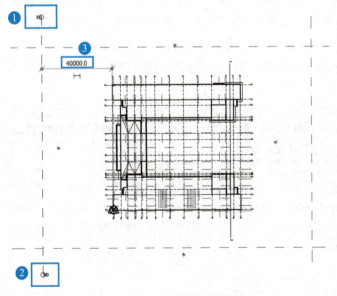

图 2-165　参照平面的绘制

★说明：参照平面不可见时,在"视图"选项卡的"图形"面板中选择"可见性/图形"

命令，界面弹出"场地的可见性/图形替换"对话框，在"注释类别"选项卡中的"参照平面"前打"√"，单击"确定"按钮，关闭所有对话框，此时参照平面变为可见，如图2-166所示。

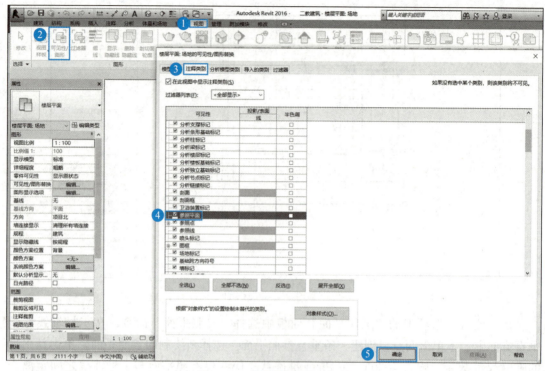

图2-166 "参照平面"可见性

3）创建地形表面

根据建筑总平面图纸可知，本建筑物周边地形表面高程均为–0.450m。选择在"体量和场地"选项卡的"场地建模"面板中的选择"地形表面"命令，如图2-167所示。激活"修改"→"编辑表面"选项卡，在"工具"面板中选择"放置点"命令，在选项栏"高程"选项后面的文本框中输入–450，按Enter键结束。在绘图区按图2-168所示位置，依次捕捉单击参照平面间的4个交点，单击"表面"面板中的 ✔ 按钮，创建一个高程为–0.450的地形表面图形。

图2-167 选择"地形表面"命令

★说明：地形表面建立有两种方式，一是放置点，即通过手动添加地形点并指定高程，Revit根据设定的高程点生成三维地形表面；二是通过导入创建，即通过直接导入DWG格式的文件或测量数据文本，Revit根据导入的文件数据生成场地地形表面。

4）添加材质

选择"项目浏览器"中的"场地"视图，单击刚才放置的任一高程点（选中建成的地形表面）。在"属性"面板中单击"材质"右侧的矩形浏览图标，界面弹出"材质浏览器"对话框，选择"草"材质，单击"确定"按钮。在"表面"面板中单击 ✓ 按钮（完成表面），完成地形表面的创建，并在新建的地形表面添加了"草"材质，如图 2-169 所示。

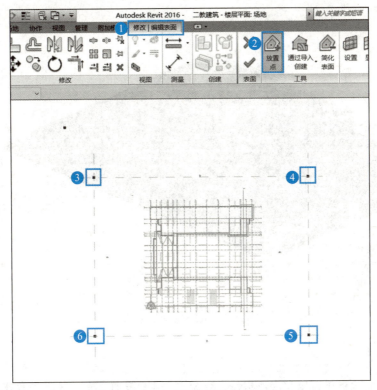

图 2-168　通过放置点创建地形表面

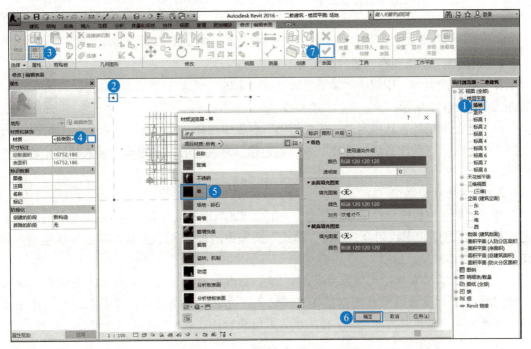

图 2-169　地形表面添加"草"材质

在"项目浏览器"中的"三维视图"下拉列表中选择"三维"选项,进入三维视图。在视图控制栏中单击"视觉样式"按钮,在界面弹出的菜单中选择"真实"模式,可看到创建完成的地形表面,如图2-170所示。

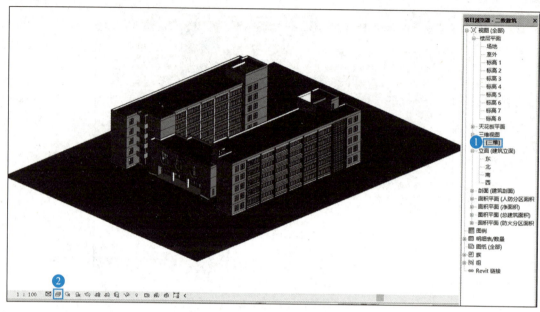

图2-170 创建完成的地形表面

> **感悟思考**
>
> 引入不同地形子面域和场地构件,帮助学生体验建筑之美,通过虚拟建造3D漫游技术的运用培养学生的科技意识。

2. 创建建筑地坪

1) 根据施工图纸选择合适的平面视图

在"项目浏览器"中双击"楼层平面"选项下的"场地",进入场地视图界面,如图2-171所示。

在"体量和场地"选项卡的"场地建模"面板中选择"建筑地坪"命令, 创建建筑地坪 如图2-172所示,系统激活"修改"→"创建建筑地坪边界"选项卡,进入建筑地坪的绘制模式。

2) 建筑地坪的创建

在"绘制"面板中选择"直线"命令,在绘图区域沿建筑外墙顺时针绘制建筑轮廓(紫色区域),并保证轮廓线闭合,单击"模式"面板中的✓按钮,完成建筑地坪的绘制,如图2-173所示。

★说明:在用直线绘制建筑地坪时,可能会因为有多余线条或线条未闭合而无法生成建筑地坪。出现此问题时可以根据错误提示,寻找图中高亮显示的多余线条或未闭合点,单击线段未闭合处的控制点,将其拖至未闭合的另一端,使建筑地坪闭合,如图2-174所示。

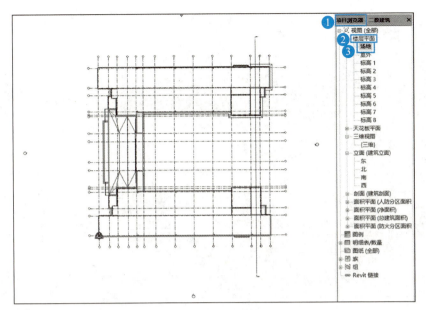

图 2-171　场地视图

图 2-172　"建筑地坪"命令

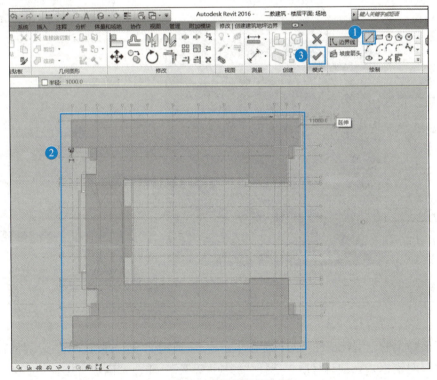

图 2-173　建筑地坪的绘制

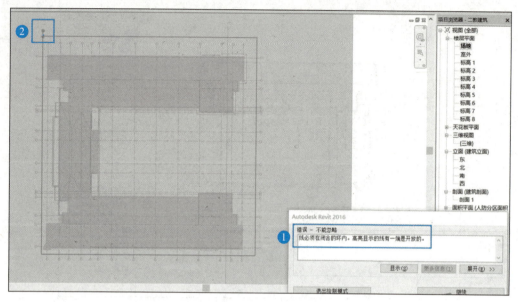

图 2-174 绘制"建筑地坪"不闭合

3）建筑地坪的高程设置和添加材质

在绘图区域选中建筑地坪，在"属性"面板中选择标高为"室外"。单击"属性"面板中的"编辑类型"按钮，界面弹出"类型属性"对话框，单击结构右侧的"编辑"按钮，如图 2-175 所示。

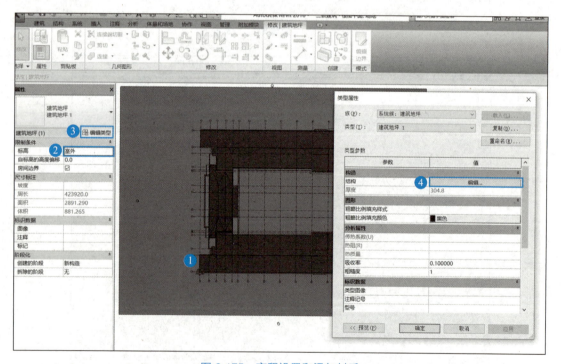

图 2-175 高程设置和添加材质

在界面弹出的"编辑部件"对话框中单击"〈按类别〉"右侧的矩形图标，界面弹出"材质浏览器"对话框，在项目材质中选择"场地 - 碎石"，单击"确定"按钮完成建筑地坪材质的添加，如图 2-176 所示。

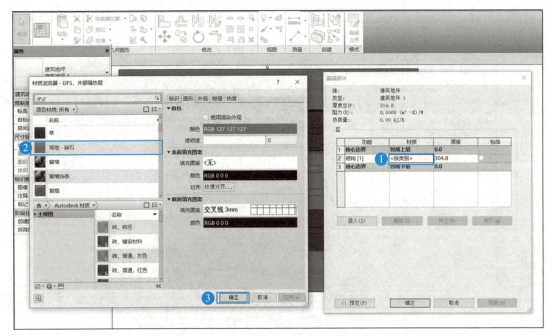

图 2-176 建筑地坪选择材质

> **感悟思考**
>
> 通过建筑地坪材质的选择及模型创建，引导学生将安全、环保、文明施工要求充分体现到模型创建过程中。

3. 创建地形子面域

"子面域"工具的功能是在地形表面中分割绘制区域。"子面域"不会创建单独的水平面，而是在原有地形上圈定某块单独区域，从而实现将地形表面根据工程实际情况赋予不同属性。

创建地形
子面域

1）道路"子面域"的绘制

在"项目浏览器"中的"楼层平面"下拉列表中选择"场地"选项，进入场地平面视图。在"体量和场地"选项卡的"修改场地"中选择"子面域"命令，系统激活"修改"→"创建子面域边界"选项卡，进入"子面域"绘制模式。

在"绘制"面板中选择"直线"命令，绘制第二教学楼周围道路区域。绘制道路圆弧时，在"绘图"面板中选择"圆角弧"命令，勾选"半径"，将半径设置为8000，选择两条相交直线进行倒圆角操作。绘制完成道路子面域轮廓后，单击"模式"面板中的 ✓ 按钮完成编辑模式，如图 2-177 所示。

2）绿化"子面域"的绘制

用同样的方法，在"绘制"面板中选择"直线"命令，分别绘制第二教学楼南北两侧绿化区域。绘制完成绿化子面域轮廓后，单击"模式"面板中的 ✓ 按钮完成编辑模式，如图 2-178 所示。

3）对创建的子面域添加材质

单击选择道路"子面域"，在"属性"面板中单击"材质"右侧的矩形图标，系统弹出

"材质浏览器"对话框，在左侧材质列表中选择"沥青"，单击"完成"按钮，完成添加道路子面域材质，如图2-179所示。

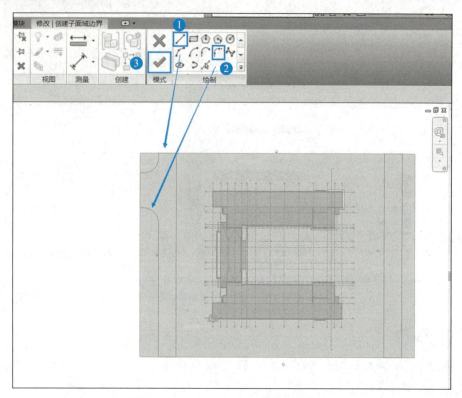

图2-177 绘制道路子面域

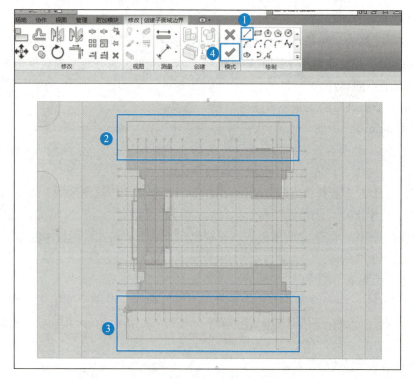

图2-178 绘制绿化子面域

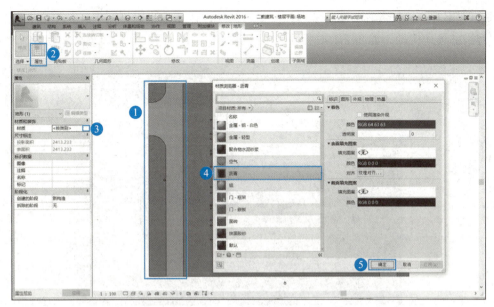

图 2-179　道路子面域添加"沥青"材质

用同样的方法,分别为地形表面添加"花岗岩,挖方,粗糙"材质,为绿化子面域添加"草"材质。完成后,在"项目浏览器"中的"三维视图"下拉列表中选择"三维"选项,进入三维视图。在视图控制栏中单击"视觉样式"按钮,在弹出的菜单中选择"真实"模式,可以看到创建完成的地形表面中的多个子面域效果,如图 2-180 所示。

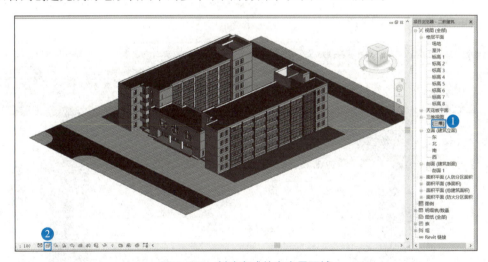

图 2-180　创建完成的多个子面域

4. 创建场地构件及指北针

在创建完成场地的地形子面域后,适当地布置场地构件,可以使整个模型场景更加丰富。场地构件可以在"三维"或"场地"视图中进行添加。

1)添加场地构件

在"项目浏览器"中的"楼层平面"下拉列表中选择"场地"选项,进入场地平面视图。在"体量和场地"选项卡的"场地建模"面板中选择"场地构件"命令,系统激活"修改"→"场地构件"选项卡。在"修改"→"场地构件"选

创建场地构件

项卡的"属性"面板类型选择器中选择需要的构件,在场地平面视图中,根据需要单击鼠标左键添加场地构件,如图 2-181 所示。

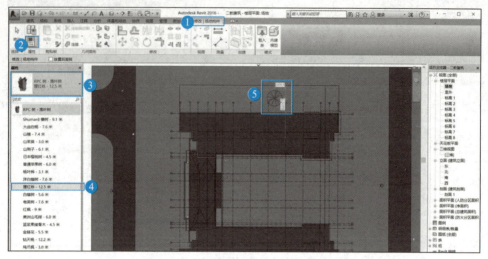

图 2-181　在"属性"面板中添加树木

2)载入族

在"修改"→"场地构件"选项卡的"模式"面板中选择"载入族"命令。系统弹出"载入族"对话框,在 China 文件夹下找到"植物"文件夹,双击"灌木"文件夹,选择需要的植物(.rfa 格式),单击"打开"按钮,将族载入项目中,根据需要单击鼠标左键添加对应的植物,如图 2-182 所示。

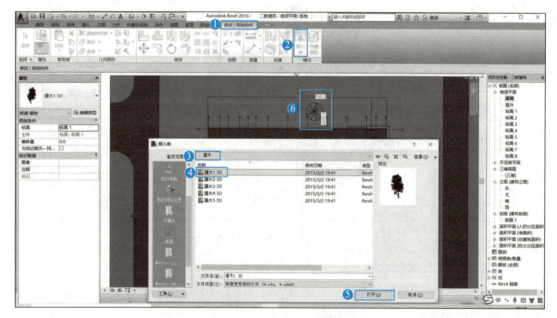

图 2-182　通过"载入族"添加场地构件

3)添加指北针

用同样的方法,在"修改"→"场地构件"选项卡的"模式"面板中选择"载入族"命令。界面弹出"载入族"对话框,在 China 文件夹下找到"建筑"文件夹,选择"指北针"(.rfa

格式),单击"打开"按钮,将其载入项目中,根据需要单击左键添加指北针,如图 2-183 所示。

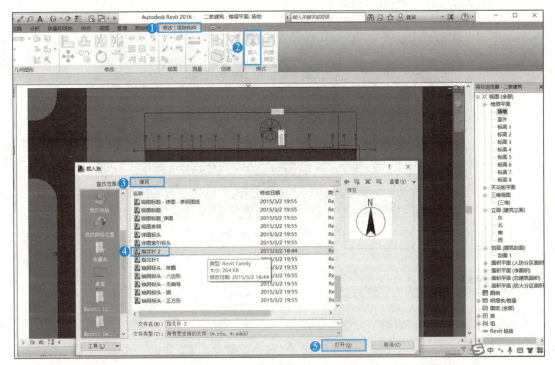

图 2-183　通过"载入族"添加指北针

在"项目浏览器"中的"族"下拉列表中选择"注释符号"下的"符号_指北针",选择"填充"选项,将其拖曳到平面图中合适位置即可,如图 2-184 所示。

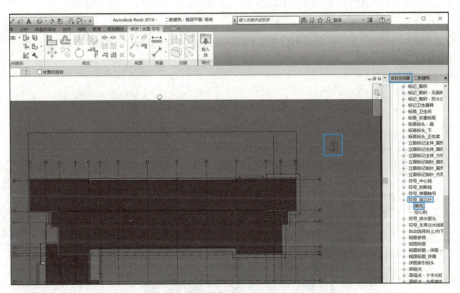

图 2-184　通过"项目浏览器"添加指北针

4)调整场地构件或指北针位置

通过以上方式添加场地构件后,如果位置有误差,可以在绘图区域单击选中需要调整的场地构件,构件周围出现纵、横两道临时尺寸标注,单击临时尺寸标注的数字,即可修改场地构件的位置,如图 2-185 所示。采用同样的方法,可以对指北针的位置进行修改。

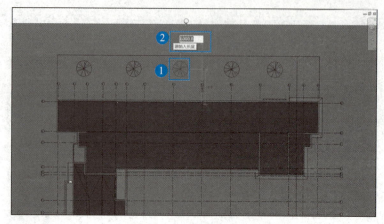

图 2-185　调整场地构件

1. Revit 材质浏览器中材质较少怎么办?

在"管理"选项卡的"设置"面板中选择"材质"命令,界面弹出"材质浏览器"对话框,单击"隐藏 / 显示库面板"图标,当在下方弹出的"库列表"中(左窗格)选择需要添加的材质类别时,右窗格中会显示与此材质相关联的选项卡(材质),选择右窗格库列表中所需的材质,然后单击位于材质右侧的"添加"按钮。此时,该材质已添加到"项目材质"中,单击"确定"按钮关闭所有对话框,如图 2-186 所示。

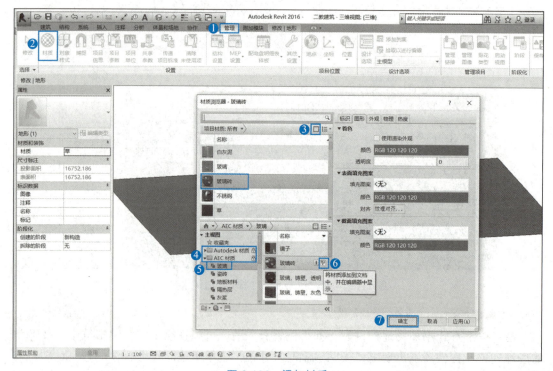

图 2-186　添加材质

2. 绘制"子面域"时，地形表面在"三维"视图中可见，调整至"场地"视图后地形表面不可见。

在"属性"面板中单击"视图范围"右侧的"编辑"按钮，界面弹出"视图范围"对话框，单击"视图深度"中的"标高"下拉菜单，选择"无限制"，单击"确定"按钮，如图 2-187 所示。

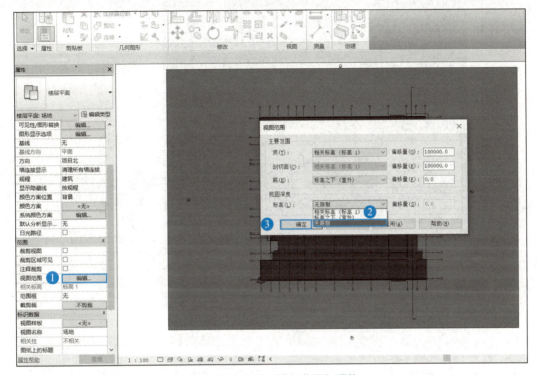

图 2-187　场地"视图范围"调整

3. "子面域"工具和"建筑地坪"工具的区别。

"子面域"是地形表面中的一部分，因此"子面域"不一定是平面，绘制"子面域"时，不用设置标高，仅绘制轮廓即可。使用"建筑地坪"工具，可以创建单独的水平面，须单独设置标高。

4. 添加场地构件时，在"三维"视图中难以准确定位。

在"项目浏览器"中的"楼层平面"下拉列表中双击选择"场地"选项。在平面图中添加场地构件，可以避免三维视图下出现建筑遮挡、透视倾斜面难以准确定位等问题，如图 2-188 所示。

5. 软件自带的场地构件种类和样式较少，不足以满足建模需要。

在网络下载配景族文件（.rfa 格式），将下载的族文件复制到 C 盘 \ProgramData\Autodesk\RTV 2016\Libraries\China 文件夹中（图 2-189），重启软件后，在"场地构件"选项卡中选择"载入族"命令，即可找到下载的配景族文件。

> **感悟思考**
>
> 　　将装配式施工和 BIM 技术应用相结合，可以培养学生良好的职业素养、强烈的创新意识和高度的社会责任感。

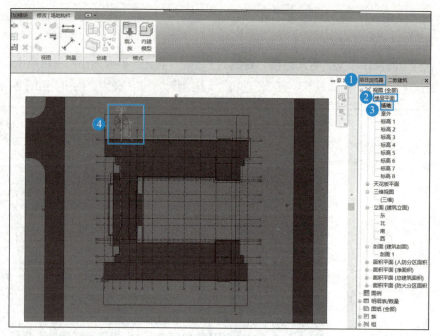

图 2-188　在"场地"视图中放置场地构件

图 2-189　族文件在计算机中所在位置

> **攻坚克难，逆境而上**
>
> 　　一个建筑物的最初地形并不是平坦适建的，进行建筑设计时，要根据原始地形计算土方量，以最经济的方式克服地形的变化，形成平坦的建筑地坪。今天我们学习教学楼在地形表面创建建筑地坪，就是为大家以后做复杂实际工程地形做铺垫。在今后的学习中，大家也肯定会遇到在各种复杂的地形表面上创建建筑地坪的情况，但只要熟练掌握土方计算方法，就可以攻坚克难，找到最经济的建筑地坪高程。人生也正如此，没有谁会一帆风顺，在崎岖不平的人生道路上，同学们一定要勇于克服困难，逆境而上，为自己踩出一条平坦前进之路。

 成果巩固

选择题

1. 通过"放置点"创建地形表面时，点的主要参数为（　　）。
   A. 高程　　　　　　　　　　　　　　B. 大小

C. 坐标　　　　　　　　　　　D. 以上都对
2. 通常在（　　）视图下创建"地形表面"。
A. 场地　　　　　　　　　　　B. 立面
C. 图例　　　　　　　　　　　D. 剖面
3. 建筑地坪高程可以在（　　）面板中调整。
A. 属性　　　　　　　　　　　B. 场地建模
C. 修改场地　　　　　　　　　D. 项目浏览器
4. 绘制地形"子面域"与"地形表面"的关系是（　　）。
A. "子面域"位于"地形表面"上方
B. "子面域"包含在"地形表面"中
C. "子面域"位于"地形表面"下方
D. 没有关系
5. Revit 中可以通过（　　）途径添加指北针。【多选】
A. 载入族　　　　　　　　　　B. 注释选项卡
C. 项目浏览器　　　　　　　　D. 建筑选项卡

联考拓展

一、选择题

1.【2020 年第一期"1+X"BIM 初级考试】导入场地生成地形的 DWG 文件必须具有（　　）数据。
A. 颜色　　　B. 图层　　　C. 高程　　　D. 厚度

2.【2019 年第一期"1+X"BIM 初级考试】在场地分析中，通过 BIM 结合（　　）进行场地分析模拟，得出较好的分析数据，能够为设计单位后期设计提供最理想的场地规划、交通流线组织关系、建筑布局等关键决策。
A. 物联网　　　B. GIS　　　C. 互联网　　　D. AR

3.【2021 年 BIM 工程师考试试题】BIM 技术在场地规划中的应用主要包括场地分析和（　　）。
A. 建筑物定位　　B. 场地模拟　　C. 景观策划　　D. 整体规划

4.【2021 年 BIM 工程师考试试题】场地建立的方式有（　　）。【多选】
A. 拾取点方式　　　　　　　　B. 三维数据导入方式
C. 二维数据导入方式　　　　　D. 点文件创建方式
E. 三维绘制方式

5.【2022 年 BIM 工程师考试试题】Revit 中的"建筑地坪"工具可以用来绘制（　　）。【多选】
A. 屋顶　　　　　　　　　　　B. 停车场
C. 道路　　　　　　　　　　　D. 水平地面

二、绘图题（图学学会 BIM 技能等级考试二级建筑第十一期第四题）

根据给定总平面图，自行设计酒店的室外场地，室外绿化要求包含乔木和灌木植物。以"酒店场地模型 + 姓名"为文件名保存。（扫描二维码查看图纸）

绘图题资源

答案

成果巩固

题号	1	2	3	4	5
选项	A	A	A	B	AB

联考拓展

题号	1	2	3	4	5
选项	C	B	D	ABD	BC

任务 11　创建明细表

独立掌握生成教学楼明细表的能力及方法。

知识要求：

1. 掌握统计明细表的步骤和方法。

2. 掌握导出明细表的方法。

能力要求：

1. 能够统计明细表。

2. 能够导出明细表。

进阶要求：

能够导出和编辑明细表。

任务准备

1. 概念解析

明细表/数量：Revit 可按对象类别统计并列表显示项目中各类模型图元信息、数量等，可以使用此功能对门窗、材料等进行统计。明细表种类有明细表/数量、材质提取明细表、图形柱明细表和注释块。

2. 门窗明细表统计步骤

（1）启动 Revit，单击"视图"选项卡→"创建"面板→"明细表/数量"工具。

（2）在界面弹出的"新建明细表"对话框的"类别"栏中选择"门"。

（3）在界面弹出的"明细表属性"对话框中选择明细表所需要的字段。

（4）切换到"排序/成组"选项卡，排序方式选择按"类型"升序排列，为了实现按类型在合计栏中进行分类汇总，将选项"逐项列举每个实例"的钩取消。

（5）切换到"外观"选项卡，设置明细表的外观，单击"确定"按钮。

（6）在"项目浏览器"的"明细表/数量"中双击"门明细表"，界面弹出门明细表，选中表头"宽度"和"高度"并右击，单击"使页眉成组"按钮。

（7）在合并的表头中输入"尺寸",最后得到"门明细表"。

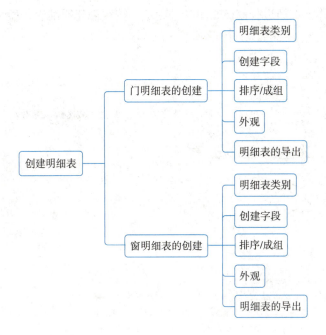

1. 门明细表的创建

1）明细表类别

选择"视图"选项卡→"创建"面板→"明细表"命令下的三角形按钮,选择创建"明细表/数量"选项,在界面弹出的"新建明细表"对话框中选择类别为"门",将其修改为"门明细表",单击"确定"按钮,创建门明细表,如图 2-190 所示。

门明细表的创建

图 2-190　门明细表的创建

2）创建字段

创建明细表后，界面弹出"明细表"对话框。在"字段"选项卡内，将"可用的字段"内的"族与类型""宽度""高度""底高度""合计"添加到"明细表字段"内。并将其顺序用"上移""下移"按钮进行修改，单击"确定"按钮创建明细表，如图2-191所示。

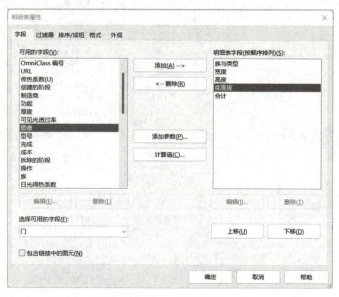

图 2-191 明细表字段设置

3）排序/成组

单击"属性"面板中的"排序/成组"按钮，选择按"族与类型"排序，勾选"总计"选项，并取消勾选"逐项列举每个实例"，如图 2-192 所示。

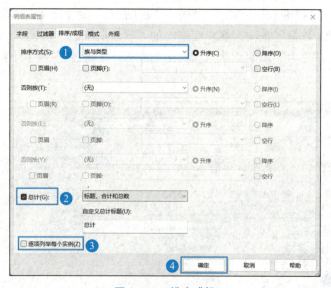

图 2-192 排序成组

4）外观

单击"属性"面板中的"外观"按钮，可修改明细表在图纸中所显示的网格线样式和字体样式，取消勾选"数据前的空行"。单击"确定"按钮，即可创建门明细表，如图 2-193

图 2-193 外观设置

所示。

5）明细表的导出

单击确认后，Revit 中自动生成门明细表，可以在 Revit 模型中直接查看，也可以把模型中的明细表导出为表格，方便后续使用。单击"菜单"→"导出"→"报告"→"明细表"→"保存"→"确定"按钮，即可将明细表中的数据通过应用程序菜单中的"导出"命令导出成 TXT 文本，如图 2-194 所示。

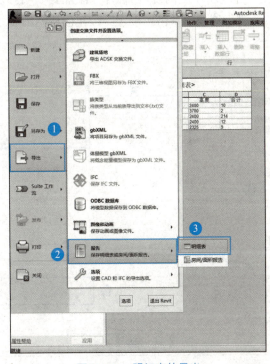

图 2-194 明细表的导出

★说明：可以在"导出明细表"对话框中设置明细表外观和输出选项，也可为默认选项，确定完成导出。

2. 窗明细表的创建

窗明细表的创建

1）明细表类别

单击"视图"选项卡→"创建"面板→"明细表"命令下的三角形按钮，选择创建"明细表/数量"选项，在界面弹出的"新建明细表"对话框中选择类别为"窗"，将其修改为"窗明细表"，单击"确定"按钮创建窗明细表，如图 2-195 所示。

图 2-195　明细表的创建

2）创建字段

创建明细表后，界面弹出"明细表"对话框。在"字段"选项卡内，将"可用的字段"内的"族与类型""宽度""高度""底高度""合计"添加到"明细表字段"内。并将其顺序用"上移""下移"按钮进行修改，单击"确定"按钮创建明细表，如图 2-196 所示。

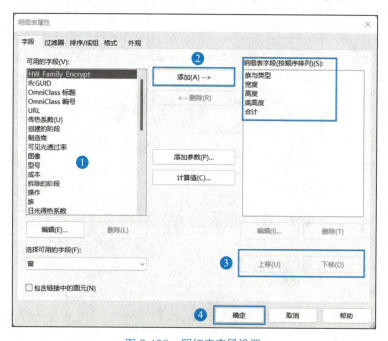

图 2-196　明细表字段设置

3)排序/成组

单击"明细表属性"面板中的"排序/成组"按钮,选择按"族与类型"排序,勾选"总计"选项,并取消勾选"逐项列举每个实例",如图 2-197 所示。

图 2-197　排序成组

4)外观

单击"属性"面板中的"外观"按钮,可修改明细表在图纸中所显示的网格线样式和字体样式,取消勾选"数据前的空行"。单击"确定"按钮,即可创建窗明细表,如图 2-198 所示。

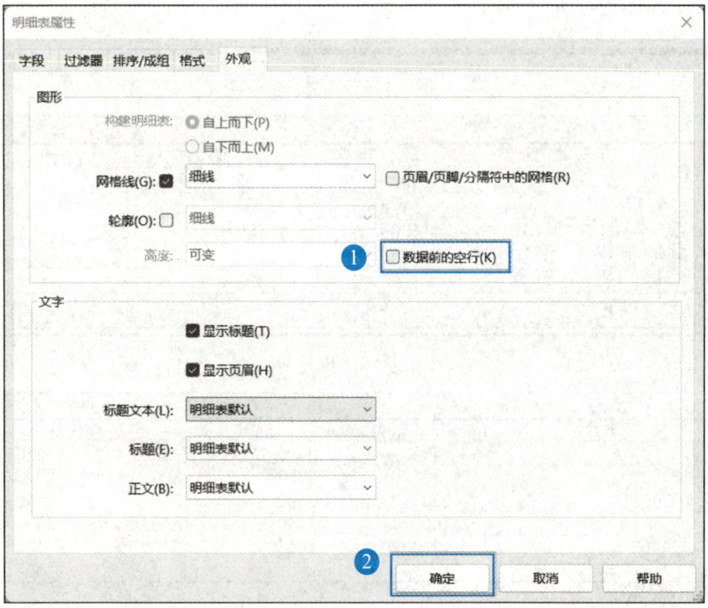

图 2-198　外观设置

5）明细表的导出

单击确认后，Revit 中自动生成窗明细表，可以在 Revit 模型中直接查看，也可以把模型中的明细表导出为表格，方便后续使用。单击"菜单"→"导出"→"报告"→"明细表"→"保存"→"确定"按钮，即可通过应用程序菜单中的"导出"命令将明细表中的数据导出为 TXT 文本，如图 2-199 所示。

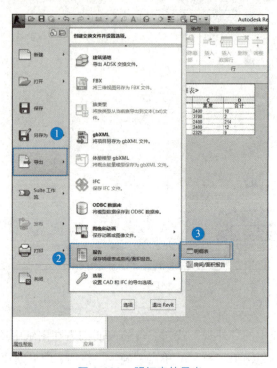

图 2-199　明细表的导出

门、窗明细表如图 2-200 所示。

<门明细表>			
A	B	C	D
族与类型	宽度	高度	合计
FM0924: FM0924	900	2400	10
MLC-1: MLC-1	5400	3700	2
单扇 - 与墙齐: M1024	1000	2400	214
双面嵌板玻璃门: M1824	1800	2400	12
教学楼门嵌板: 无横档	1750	2325	9
总计: 247			

<窗明细表>				
A	B	C	D	E
族与类型	宽度	高度	底高度	合计
C7424: C7424	7400	2400	900	110
C7829: C7829	7800	2900	600	3
上下拉窗1: C0924	900	2400	900	160
推拉窗6: C1524	1500	2400	600	8
推拉窗6: GC1206	1200	600	2400	180
教学楼窗嵌板: 教学楼窗嵌板				40
总计: 501				

图 2-200　门窗明细表

> **实操答疑**

如何用 Excel 打开明细表？

打开"我的电脑"，选择"组织"→"文件夹和搜索选项"→"查看"面板，取消勾选"隐藏已知文件类型的扩展名"，单击"确定"按钮，如图 2-201 所示。找到刚才导出的 TXT 文件，单击"重命名"，把"门明细表.txt"改为"门明细表.xls"，这样就将其修改为可用 Excel 打开的文件。

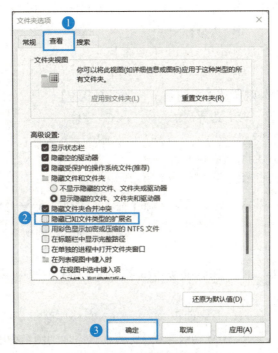

图 2-201　文件夹选项

> **感悟思考**
>
> 引导学生通过实践出真知，对于工程项目建设过程的认知，不急不躁、由表及里、全面观察，由感性到理性、了解建设过程、分清事物彼此间的区别与联系，大胆假设、小心求证、循环往复，不断加深对建筑工程全过程的认识。

> **从电影中学方案**
>
> 电影《布达佩斯大饭店》以20世纪30年代的虚构国家Zubrowska为背景拍摄而成，地点是欧洲的一个以礼宾服务闻名的滑雪胜地。场景设计是由Adam Stockhausen制作的，使用了一组从阿尔卑斯度假胜地提取的颜色。
>
> 该电影包含了温暖、明亮的视觉方案和柔和的色调，而酒店的巧妙布局以及治愈强迫症的对称镜头也令无数观众印象深刻。

成果巩固

选择题

1. 明细表中的（　　）不属于其文字对齐方式。
   A. 两端对齐　　　B. 顶对齐　　　C. 底对齐　　　D. 左对齐
2. 明细表属性中排序成组方式包括（　　）。【多选】
   A. 升序　　　　　B. 降序　　　　C. 按首字母　　D. 以上都是
3. 窗明细表中可以添加的字段有（　　）。【多选】
   A. 底高度　　　　B. 类型标记　　C. 高度　　　　D. 宽度
4. 明细表可以调整的属性是（　　）。【多选】
   A. 过滤器　　　　B. 排序　　　　C. 格式　　　　D. 外观
5. 以下属于明细表外观调整内容的是（　　）。【多选】
   A. 着色　　　　　B. 边界　　　　C. 字体　　　　D. 字段

联考拓展

一、选择题

1.【2020年第二期"1+X" BIM 初级考试】在 Revit 中，"明细表"命令位于（　　）。
   A. "常用"选项卡　　　　　　　　B. "插入"选项卡
   C. "注释"选项卡　　　　　　　　D. "视图"选项卡
2.【2021年第二期"1+X" BIM 初级考试】下列（　　）选项属于不可录入明细表的体量实例参数。
   A. 总体积　　　B. 总表面积　　　C. 总楼层面积　　　D. 以上选项均可
3.【2022年第二期"1+X" BIM 初级考试】将明细表添加到图纸中的正确方法是（　　）。
   A. 图纸视图下，在设计栏"基本-明细表/数量"中创建明细表后单击放置
   B. 图纸视图下，在设计栏"视图-明细表/数量"中创建明细表后单击放置
   C. 图纸视图下，从项目浏览器中将明细表拖曳到图纸中，单击放置
   D. 图纸视图下，在"视图"下拉菜单中"新建-明细表/数量"中创建明细表后单击放置
4.【2022年第四期"1+X" BIM 初级考试】关于明细表，以下说法错误的是（　　）。【多选】
   A. 同一明细表可以添加到同一项目的多个图纸中
   B. 同一明细表经复制后才可添加到同一项目的多个图纸中
   C. 同一明细表经重命名后才可添加到同一项目的多个图纸中
   D. 目前，墙饰条没有明细表
   E. 明细表可以用于统计任何参数
5.【2021年 BIM 工程师考试试题】在体量族的设置参数中，以下不能录入明细表的参数是（　　）。
   A. 总体积　　　B. 总表面积　　　C. 总楼层面积　　　D. 总建筑面积

二、绘图题（2020年第一期"1+X"BIM初级考试第三题）

1. 基于任务6绘图题基础，根据给出的图纸补充创建屋顶、楼梯、台阶、坡道、栏杆扶手等，完善土建模型。（扫描二维码查看图纸）

2. 建立门、窗明细表：均应包含"类型、类型标记、宽度、高度、标高、底高度、合计"字段，按类型和标高进行排序。

绘图题资源

答案

成果巩固

题号	1	2	3	4	5
选项	A	AB	ABCD	ABCD	ABC

联考拓展

题号	1	2	3	4	5
选项	D	D	C	BCDE	D

任务12 注释、布图与导出

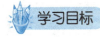

独立掌握教学楼图纸注释、输出与打印的能力及方法。

知识要求：

1. 掌握创建图纸的步骤和方法。
2. 掌握标注注释的步骤和方法。
3. 掌握导出与打印图纸的设置方法。

能力要求：

1. 能够创建图纸。
2. 能够导出及打印标注注释。

进阶要求：

能够设置图幅。

任务准备

1. 图纸创建

在Revit软件中，模型是唯一的，因此对模型的修改将影响各个视图。但在每个视图中，模型的显示方式具有很大的调整空间，可以显示/隐藏不同类别的图元，设置视图的比例、精度、显示方式和图元样式等内容，使其满足不同图纸和展示的需要。

Revit有结构平面视图、楼层平面视图、天花板平面视图、立面视图、剖面视图、三维视图、明细表视图等，所有的视图都可以作为图纸的内容进行输出。

（1）创建图纸视图，指定标题栏。在"视图"选项卡的"图纸组合"面板中选择"图纸"命令，在界面弹出的"新建图纸"对话框中选择标题栏，单击"确定"按钮。

（2）将指定的视图布置在图纸视图中。转到图纸视图，将 F1 楼层平面视图从项目浏览器中拖入视图。

（3）项目信息设置。在"管理"选项卡的"设置"面板中选择"项目信息"命令，在界面弹出的"项目属性"对话框中输入相应的信息实例参数。

2. 标注注释

在设置完成前面的对象样式和视图可见性等以后，还可以在视图中添加尺寸标注、高程点、文字、符号等信息，进一步完善施工图设计。

（1）在"注释"选项卡的"尺寸标注"面板中选择"对齐"命令，激活"修改|放置尺寸标注"选项卡。

（2）在"属性"面板的类型选择器中选择"标注尺寸"，单击"类型"按钮，然后进行轴网对齐标注，从左向右依次单击需要标注的轴线即可。

（3）在选项栏中选择"参照墙面"选项，再单击需要注释的墙。

3. 图纸导出与打印

在 Revit 中，可将布置好的图纸或视图导出为 DWG、DXF、DGN 及 SAT 等格式的 CAD 数据文件，以便为使用 CAD 软件的设计人员提供数据。

单击应用程序按钮，在其下拉菜单中选择"打印"命令即可。

任务导图

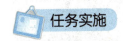

1. 样板创建

1）样板设置

在"项目浏览器"中，单击进入任意一个立面视图，调整"视图比例"为 1∶150，"详细程度"为"精细"；"视觉样式"为"隐藏线"模式，如图 2-202 所示。

样板创建

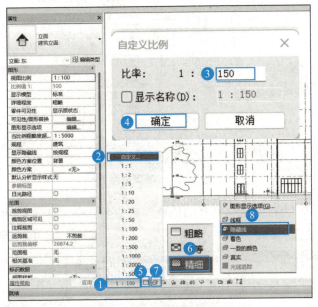

图 2-202 视图特性设置

2）视图范围调整

调整视图裁剪框的范围，使其包含整个建筑。调整完毕，单击视图控制栏中的"隐藏裁剪区域"按钮，将裁剪框隐藏，如图 2-203 所示。

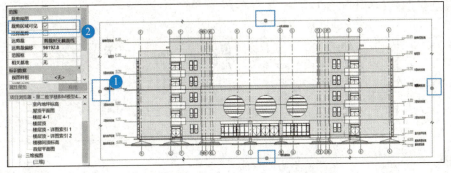

图 2-203 调整视图裁剪框

3）隐藏构件

只保留两端轴线，选中中间其他轴线，右击，做"隐藏图元"操作。同理，选中场地构件、参照平面等不需要的构件，将其隐藏，如图 2-204 所示。

4）新建样板

选择"视图"选项卡→"视图样板"→"从当前视图创建样板"选项，新建"立

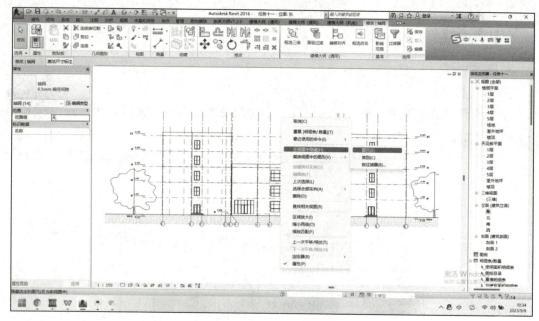

图 2-204　隐藏轴线

面样板",打开"视图样板"对话框后,默认不做其他修正,直接单击"确定"按钮,如图 2-205 所示。

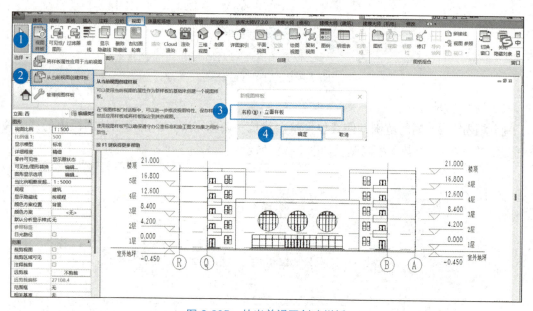

图 2-205　从当前视图创建样板

5）应用样板

在项目浏览器中选中其他三个立面视图,在视图"属性"面板中单击"视图样板"旁的"〈无〉"按钮,选择应用新建的"立面样板",如图 2-206 所示。

2. 标注注释

1）对齐标注

在"注释"选项卡的"尺寸标注"面板中选择"对齐"命令,完成立面图尺

标注注释

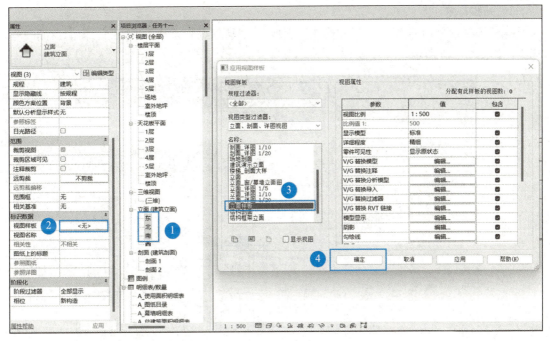

图 2-206　新建立面样板

寸标注。在视图中选中标注后,在标注处将出现蓝色控制柄,可对标注进行调整,如图 2-207 所示。

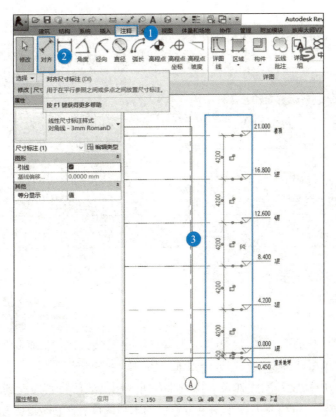

图 2-207　立面图尺寸标注

2）高程标注

单击"注释"选项卡 → "尺寸标注"面板 → "高程点"工具，进行门、窗洞口的高程标注，如图 2-208 所示。

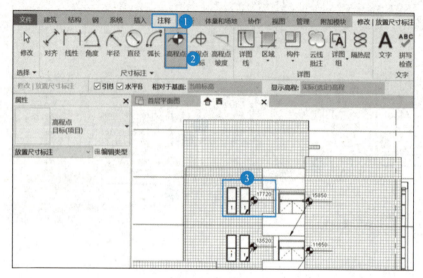

图 2-208　高程标注

3）材质标记

在"注释"选项卡的"标记"面板中选择"材质标记"命令，添加材质标记，如图 2-209 所示。

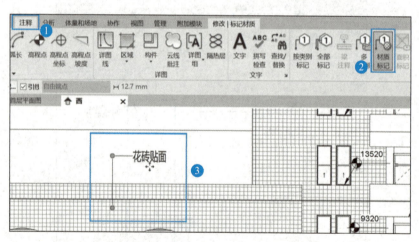

图 2-209　添加材质标记

3. 图纸导出与打印

1）新建图纸

在项目浏览器中找到"图纸（全部）"，右击新建图纸，在"选择标题栏"处选择 A0 公制，单击"确定"按钮创建图纸，如图 2-210 所示。

在项目浏览器中，展开视图列表，找到西立面视图，然后将其拖曳到图纸上，调整位置。同样，可将东立面视图单击拖曳到本视图中，如图 2-211 所示。

图纸导出与打印

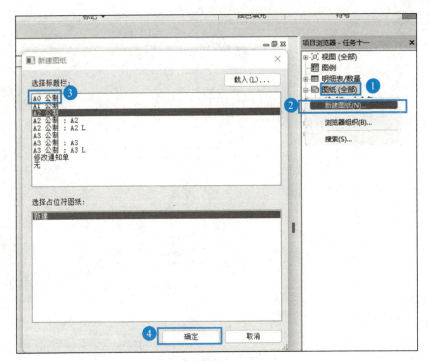

图 2-210 新建图纸

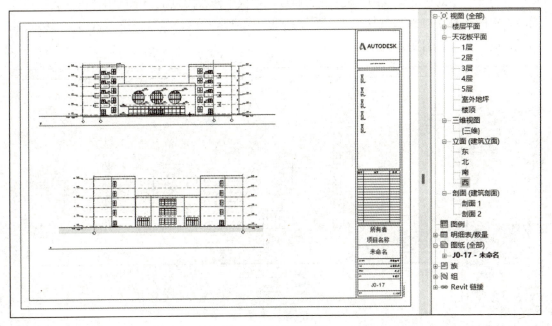

图 2-211 添加视图

2）编辑图框

单击图纸空白处，可在属性栏中对图纸进行编辑，如图 2-212 所示。

3）编辑立面视图

双击立面视图，即可进入编辑视图界面，单击图框外空白处即可退出编辑，由于在拖曳之前已经对立面视图进行编辑，在此不再赘述。

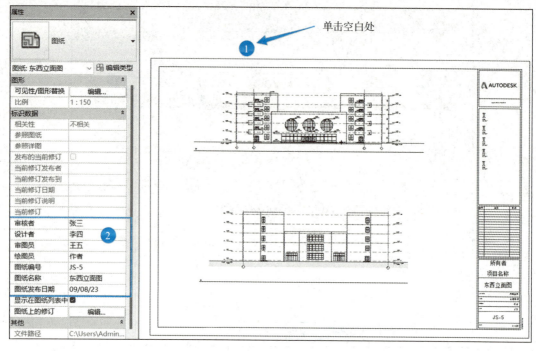

图 2-212 编辑图纸信息

单击图纸中的东立面视图，在左侧"属性"面板中修改图纸上的标题为"东立面视图"。同时，视图名称下画线出现拖曳点，移动拖曳点至合适长度，单击该视图名称，可将其移动至合适位置，如图 2-213 所示。

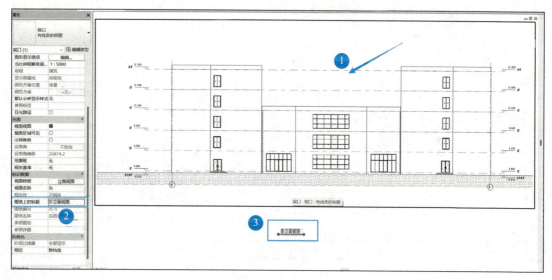

图 2-213 修改图纸标题

4）图纸导出

在图纸界面中，单击"文件"菜单→"导出"工具→"CAD 格式"选项中的 DWG 按钮，界面弹出"DWG 导出"对话框，设置参数，如图 2-214 所示。

界面弹出"保存"对话框，选择要保存的文件目录，选择文件类型版本。查看或修改文件名，单击"确定"按钮，即可导出 CAD 格式文件，如图 2-215 所示。

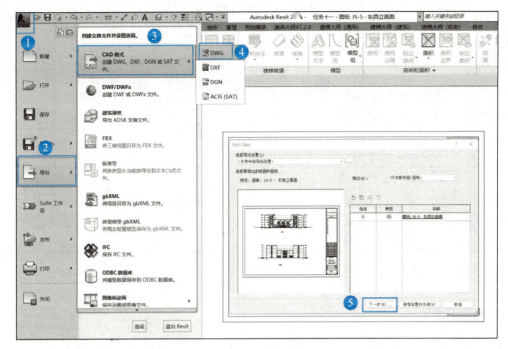

图 2-214　图纸导出

图 2-215　设置导出参数

★说明：导出前，一般先按 CAD 出图样式进行设置，再进行上述导出，如图 2-216 所示。

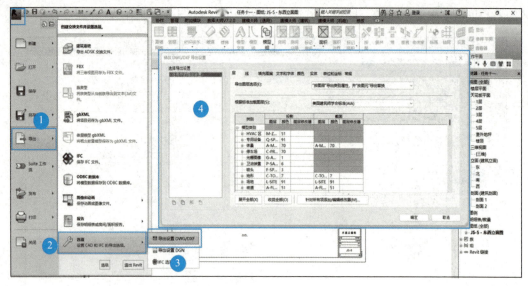

图 2-216　设置导出格式

1. 立面符号丢失怎么办？

在楼层平面图视图中，选择"视图"选项卡 → "创建"面板 → "立面"命令，在建筑四个方向放置立面符号，通过单击立面指针的选择框，确保立面指针朝向建筑。

依次选择四个立面指针，在"属性"面板中将"视图名称"分别修改为东、西、南、北，再确保指针范围包括全部建筑。

2. Revit 如何导出三维图纸？

Revit 除了能导出二维图纸，还能导出三维模型。导出项目的三维模型，应将视图切换到三维视图中，再从应用程序菜单"导出"命令中选择将当前视图导出为 DWG 或 FBX 等格式即可。

> **BIM 的作用**
>
> 要想掌握 BIM，只学会使用工具是不够的，BIM 贯穿了建筑生命全周期，它穿针引线的作用决定了 BIM 的整体价值，也决定了 BIM 从业人的价值。会翻模和懂全工程的 BIM 从业人员，职位不同，能力和收入也不同。
>
> 为了让 BIM 应用真正在项目上落地，并实现其价值，应结合工程实施方案。BIM 应用的主要成果，主要包括协调会议沟通、设计模型提交、深化设计模型提交、管线综合、洞口预留、大型设备安装等方面，同时结合项目进展和建模、应用工作实际。
>
> BIM 是工具，是建筑信息化模型。然而 BIM 又不仅充当一个工具的角色，从设计出图、施工、运营、物业装修等，BIM 通过富含各类信息的三维模型对工程全程进行管理。

> 可视化交底：建立重点部位施工工艺模型，制作施工仿真动画、PPT、纸质交底附图等多种方式进行交底。将技术方案、交底文件生成二维码链接，以展板、手册、智慧工地平台等多种方式实现数据共享，便于现场作业人员查阅。
>
> 三维交底：基于模型前提下，总包方运用BIM技术建立BIM模型，并提供给分包方，便于分包方快速理解图纸的设计意图，再进行深化设计，较传统模式工作效率高，可保证最终方案的合理性。
>
> 在临建施工前，利用BIM技术，根据公司临时建筑标准化手册，提前策划，合理布置，一次成优，可避免返工，有效节约成本，提高效率。合理安排施工现场垂直运输机械、材料堆场、施工道路、施工阶段，减少因施工总平面布置不合理造成的窝工、二次搬运的浪费，节约成本。

成果巩固

选择题

1. 下列（　　）只能标注水平或垂直距离。
   A. 对齐标注　　　　　　　　B. 线性标注
   C. 高程点　　　　　　　　　D. 弧长标注
2. （　　）标注可以驱动门、窗的位置。
   A. 临时尺寸　　　　　　　　B. 永久标注
   C. 对齐标注　　　　　　　　D. 线性标注
3. 视图裁剪框的显示与隐藏可通过（　　）按钮控制。
   A. "属性"面板的"裁剪区域可见"　B. 临时隐藏/隔离
   C. 显示隐藏的图元　　　　　　D. 视图可见性
4. 下列属于图纸输出内容的是（　　）。【多选】
   A. 楼层平面图　　　　　　　B. 立面视图
   C. 剖面视图　　　　　　　　D. 明细表
5. Revit中可以将图纸或视图导出为（　　）格式。【多选】
   A. DWG　　　　　　　　　　B. DXF
   C. DGN　　　　　　　　　　D. SAT

联考拓展

一、选择题

1. 【2021年BIM工程师考试试题】Revit可以标注以下哪些尺寸标注？（　　）
   A. 对齐、线性、角度、径向
   B. 直径、弧长
   C. 高程点、高程点坐标、高程点坡度
   D. 以上都是

2.【2020年第二期"1+X"BIM初级考试】以下有关视口编辑说法有误的是（　　）。

　　A. 选择视口，用鼠标拖曳可以移动视图位置

　　B. 选择视口，单击选项栏，从"视图比例"参数的"值"下拉列表中选择需要的比例，或在"自定义"下面的比例值框中输入需要的比例值，可以修改视图比例

　　C. 一张图纸多个视口时，每个视图采用的比例都是相同的

　　D. 用鼠标拖曳视图标题的标签线，可以调整其位置

3.【2020年第二期"1+X"BIM初级考试】以下有关在图纸中修改建筑模型说法有误的是（　　）。

　　A. 选择视口，右击，选择"激活视图"命令，即可在图纸视图中任意修改建筑模型

　　B. 激活视图后，右击选择"取消激活视图"命令，可以退出编辑状态

　　C. 用"激活视图"编辑模型时，相关视图将更新

　　D. 可以同时激活多个视图修改建筑模型

4.【2021年第四期"1+X"BIM初级考试】可以对以下哪种填充图案上的填充图案线进行尺寸标注？（　　）

　　A. 模型填充图案　　　　　　　　B. 绘图填充图案

　　C. 以上两种都可　　　　　　　　D. 以上两种都不可

5.【2023年第一期"1+X"BIM初级考试】注释命令中不包含（　　）对象。

　　A. 箭头　　　　　　　　　　　　B. 架空线

　　C. 尺寸标注　　　　　　　　　　D. 载入的标记

二、绘图题（2020年第一期"1+X"BIM初级考试第三题）

基于任务11中的绘图题模型完成以下内容。（扫描二维码查看图纸）

（1）BIM建模环境设置。

项目发布日期：2020年2月20日。

（2）创建图纸：创建二层平面布置图及正（南）立面布置图两张图纸。

① 图框类型：A3公制图框；类型名称：A3视图。

② 对外部主要尺寸进行标注。

③ 标题要求：视图上的标题必须和图纸名称一致。

绘图题资源

答案

成果巩固

题号	1	2	3	4	5
选项	B	A	A	ABCD	ABCD

联考拓展

题号	1	2	3	4	5
选项	D	C	D	A	B

任务 13　渲染输出与漫游动画

独立掌握教学楼相机的创建和漫游动画方法。

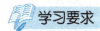

知识要求：

1. 掌握创建及修改相机的步骤。
2. 掌握渲染参数的设置方法。
3. 掌握设置漫游路径的步骤。

能力要求：

1. 能够以合适的视角创建相机。
2. 能够合理修改渲染参数，并进行清晰图像的渲染。
3. 能够以合适的视角创建漫游路径。

进阶要求：

能够进行高清渲染，并对漫游路径进行优化。

任务准备

1. 图形显示选项

通过切换"隐藏线""着色"和"真实"等视觉样式，透视图可以显示出不同的效果。要对透视图的背景、线条等进行更深入的设置，应打开"图像显示选项"对话框，"图形显示选项"位于视图"属性"面板中，在视图控制栏中也能找到该选项。"图形显示选项"能从视图阴影、背景、照明等六个方面对透视图进行修改。

2. 渲染参数

在使用 Revit 渲染工具时，渲染引擎使用复杂的算法从建筑模型的三维视图生成照片级真实感图像。要渲染模型，应打开三维视图，选择"视图"选项卡→"图形"面板→"渲染"命令，软件将打开"渲染"对话框，可在渲染前对各参数进行设定。可调整的参数有质量、输出设置、照明、背景。设置完参数后，单击"渲染"按钮开始渲染，完成后，可调整凸显的曝光，待图片调整到最佳效果后，将图片保存。

3. 漫游路径的创建步骤

（1）打开要放置漫游路径的视图。通常在平面视图创建漫游，也可以在其他视图（包括三维视图、立面视图及剖面视图）中创建漫游。

（2）在"视图"选项卡下"创建"面板的"三维视图"下拉列表中单击"漫游"按钮。

（3）如果需要，在选项栏中取消勾选"透视图"选项，将漫游作为正交三维视图创建。

（4）如果在平面视图中，通过设置相机距所选标高的偏移，可以修改相机的高度。在"偏移"文本框内输入高度，并从菜单中选择标高。

（5）将鼠标放置在视图中并单击，以放置关键帧，沿所需方向移动鼠标，以绘制路径。

任务导图

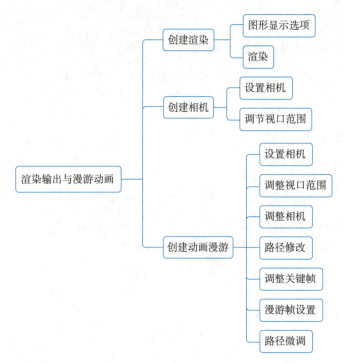

任务实施

1. 创建渲染

1）图形显示选项

启动 Revit，单击三维视图打开透视图，通过切换状态栏"隐藏线""着色"和"真实"等视觉样式，透视图可以显示出不同的效果，如图 2-217 所示。

创建渲染

图 2-217 透视图效果设置

要对透视图的背景、线条等进行更深入的设置，在视图"属性"面板中单击"图形显示选项"→"编辑"按钮。通过设置图形显示选项，能将项目调整至接近渲染效果图的程度，也能形成其他多样化的视觉风格，如图 2-218 所示。

（1）模型显示。模型显示中可以选择视图的视觉样式（在视图控制栏中也可快速设定），"透明度"项可以调整模型在本视图中的透明程度，"轮廓"可将模型默认轮廓线替换为其他线型。单击"应用"按钮可以查看修改效果，如图 2-219 所示。

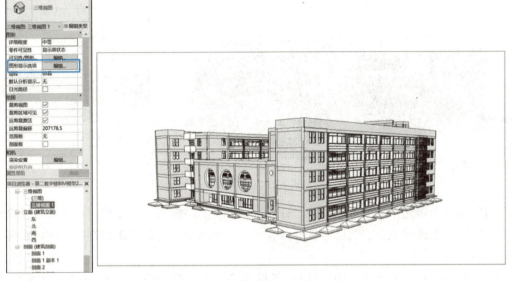

图 2-218　设置图形显示选项

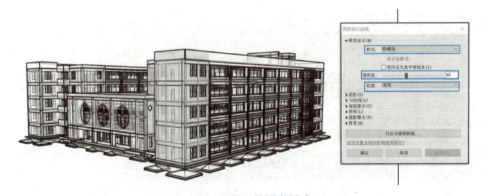

图 2-219　视图的视觉样式

（2）阴影。通过勾选该项可以为模型添加投射的阴影和环境光的阴影，效果如图 2-220 所示。此外，单击状态栏中的 ☀ 符号可以快速打开项目的投射阴影。

图 2-220　项目的投射阴影

（3）勾绘线。如图 2-221 所示，勾绘线可以将模型变为手绘线模式。

图 2-221 勾绘线

(4) 照明和曝光。该项可以设置"日光""环境光""阴影"的强度,打开日光设置对话框,可设置项目的地点、照射时长等内容。当视图启用曝光后,能调整视图的阴影强度和白点等曝光值。

(5) 背景。可以将透视图的空白背景设置为图片、渐变或是天空效果,如图 2-222 所示。

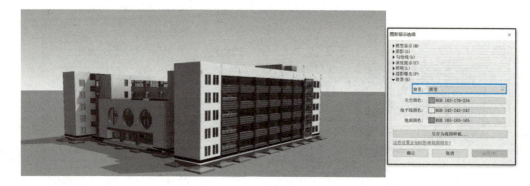

图 2-222 背景设置

2) 渲染

单击"视图"选项卡 → "图形"面板 → "渲染"按钮,打开"渲染"对话框,在渲染前对各参数进行设定,如图 2-223 所示。

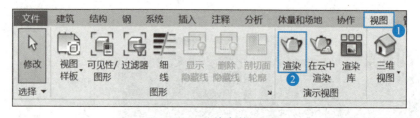

图 2-223 渲染参数设置

(1) 输出设置。能指定渲染效果图的分辨率。与质量的参数一样,像素越高的效果图需要的时间也越多。通常低质量图像很快就可以生成,而高质量图像需要更多的时间,因此,渲染都以"绘图"质量的图像开始,以观察初始设置的效果;然后微调材质、灯光和其他设置,以改善图像效果。当接近所需的效果时,再使用高质量设置来生成最终图像,如图 2-224 所示。

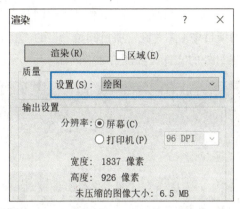

图 2-224　输出设置

（2）照明。照明的方案可以用来选择日光或者人造日光作为模型的光源。如果需要日光照明，"日光设置"能调节日光的照射角度和方向；如果需要人造光照明，"人造灯光"能选择关闭或者打开哪些人造光源，如图 2-225 所示。

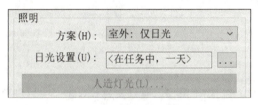

图 2-225　照明方案设置

（3）背景。"样式"能设置渲染的背景为天空、图像或颜色，如图 2-226 所示。

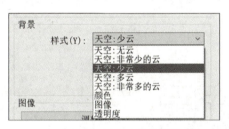

图 2-226　设置渲染的背景

（4）渲染。设置完参数后，单击"渲染"按钮开始渲染，待完成后，可在绘图区域中看到模型变成效果图，如图 2-227 所示。

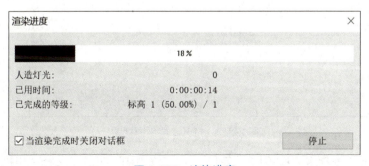

图 2-227　渲染进度

（5）保存。渲染完成后，单击"调整曝光"按钮调整图片到最佳效果，单击"保存到项目中"按钮把图片保存到项目中（图片在"项目浏览器"的"渲染"目录下），单击"导出"按钮，可以把图片另存为项目外的文件，如图 2-228 所示。

图 2-228　渲染成果

2. 创建相机

1）设置相机

启动 Revit，打开"教学楼 BIM 模型"项目文件，双击"项目浏览器"中的"楼层平面"，双击"2 层"，打开二层平面视图，如图 2-229 所示。

创建室外相机渲染

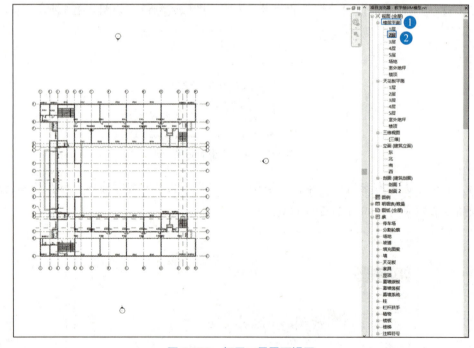

图 2-229　打开二层平面视图

单击"视图"选项卡 → "创建"面板 → "三维视图"工具，选择"相机"，如图 2-230 所示。

图 2-230　打开相机功能

在选项栏中勾选"透视图"选项（不勾选"透视图"选项，视图会变成正交视图，即轴测图，用户可自行尝试），"偏移"值为 1750（此设置的效果为相机离二层标高 1750mm 处拍摄效果，和人站在二层拍摄效果类似），如图 2-231 所示。

图 2-231　相机选项栏设置

在建筑物的西侧单击，放置相机视点，向左侧移动鼠标指针至"目标点"位置，单击生成三维透视图，如图 2-232、图 2-233 所示。

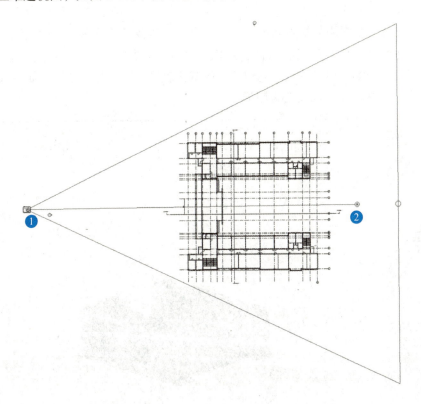

图 2-232　放置相机

2）调节视口范围

选中三维视图外围的框，或切换到三维视图，选择透视图的边框，界面将出现 4 个

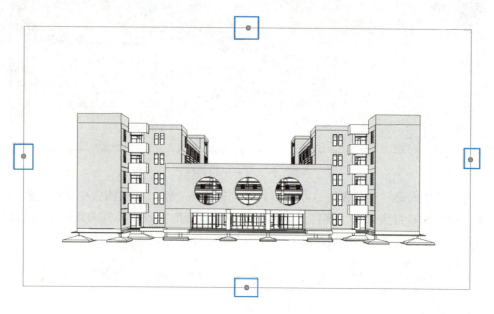

图 2-233 三维透视图

控制点。拖曳控制点,可调整透视图的显示范围,使用 Shift+ 鼠标中键能对模型进行旋转操作。

也可使用"属性"面板中的视点高度、目标高度、远剪裁偏移等参数对相机做进一步设置。要调整相机和视线的位置,可通过调整如图 2-234、图 2-235 所示的 3 个控制点,对透视图进行更准确的修改。相机视点方向的三角区域代表透视图的显示范围,如果取消勾选"远剪裁激活",相机的范围将变为无限远。

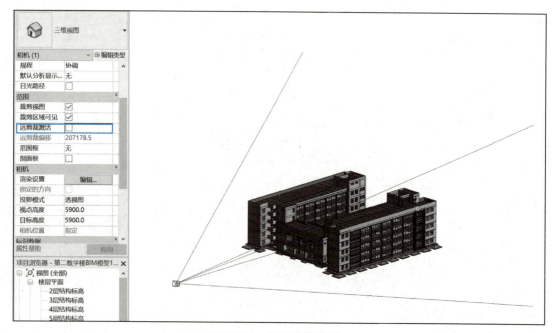

图 2-234 相机属性设置 1

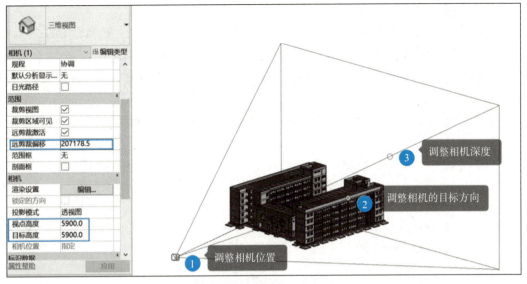

图 2-235 相机属性设置 2

3. 创建动画漫游

1）设置相机

在二层高度设置相机，双击"项目浏览器"中的"楼层平面"，双击"3F"，打开三层平面视图，单击"视图"选项卡→"创建"面板→"三维视图"工具，选择"漫游"，在选项栏中勾选"透视图"，将"偏移"值改为 1750，单击西侧空白处设置漫游起始点，隔一段距离设置一个相机点，最后形成一个绕建筑物一周的漫游路径，如图 2-236 所示。

创建室外动画漫游

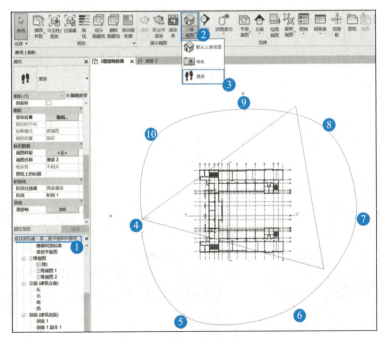

图 2-236 创建漫游路径

2）调整视口范围

选中刚创建的漫游路径，单击"编辑漫游"工具，将"修改 | 相机"选项栏中的"控制"内容设置为"活动相机"，单击"上一关键帧"和"下一关键帧"按钮可选中不同的相机，调整相机拍摄的方向和视距，使所有相机都朝向建筑物，并能拍摄到建筑物全貌，如图 2-237 所示。

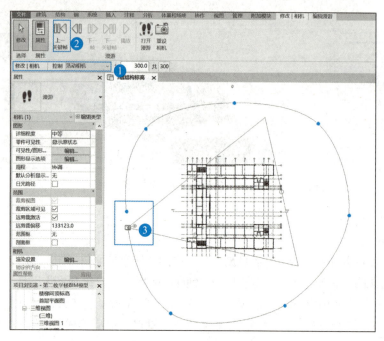

图 2-237　漫游路径调整

3）调整相机

查找"项目浏览器"中的"漫游"选项，双击"漫游"进入 3D 漫游模式。单击"编辑漫游"工具，通过"播放"按钮查看漫游效果，用户也可使用漫游边框上的控制点调整相机，如图 2-238 所示。

4）路径修改

选中"漫游"（即边框显示控制点），回到三层平面视图，设置"修改 | 相机"选项栏中"控制"内容为"路径"，屏幕中的路径上显示蓝色小圆点，拖动小圆点可改变原来的路径，如图 2-239 所示。

5）调整关键帧

设置"修改 | 相机"选项栏中"控制"内容为"添加关键帧"，在路径上空白处单击，将添加一个相机。设置"修改 | 相机"选项栏中"控制"内容为"删除关键帧"，在路径上红色小圆点处单击，将删除该处的关键帧，如图 2-240 所示。

6）漫游帧设置

选中"漫游"，可在"属性"面板中设置相应的参数值，如漫游帧可设置漫游的总帧数和每秒播放的帧数，用以控制漫游的精度和速度，如图 2-241 所示。

7）路径微调

选中"漫游"（即边框显示所有控制点）→"三维视图"，设置"修改 | 相机"选项栏中"控

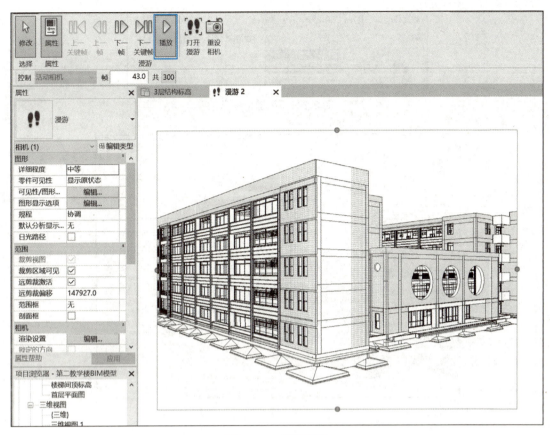

图 2-238　播放漫游

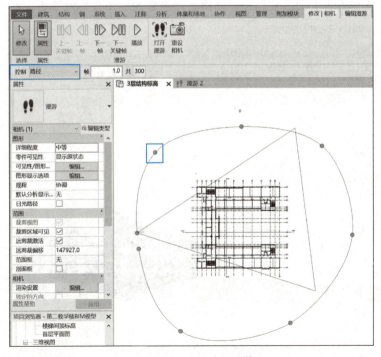

图 2-239　漫游路径调整

图 2-240　关键帧设置

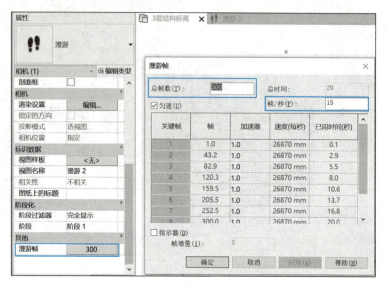

图 2-241　漫游精度和速度调整

制"内容为"路径",屏幕中的路径上显示蓝色小圆点,拖动小圆点不仅可以在水平方向改变路径,还可以在垂直方向改变路径,使得在漫游建筑时不仅在水平方向移动,还可以在垂直方向移动,如图 2-242 所示。

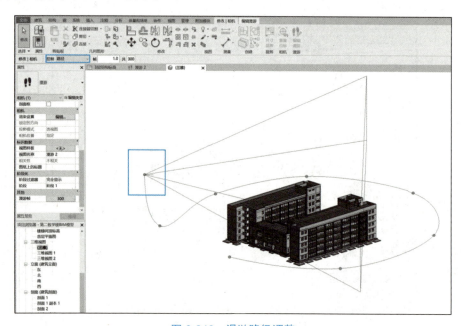

图 2-242　漫游路径调整

实操答疑

1. 如何修改相机设置？

选中相机，在"属性"面板中修改"视点高度""目标高度"及"远剪裁偏移"等参数，也可以在绘图区域拖曳视点和目标点的水平位置。

2. 如何编辑漫游路径？

使用"项目浏览器"编辑漫游路径。

（1）在项目浏览器中，在漫游视图名称上右击，然后选择"显示相机"命令。

（2）要移动整个漫游路径，则将该路径拖曳至所需的位置，也可以使用"移动"工具进行移动。

（3）若要编辑路径，则在"修改"→"相机"选项卡的"漫游"面板中选择"编辑漫游"命令。

3. 漫游动画如何导出？

打开漫游，单击"文件"→"导出"→"图像与动画"→"漫游"选项，设置导出参数，选择"渲染"对设备要求较高，且需要较长时间，单击"确定"按钮，将导出 AVI 格式的视频文件。

感悟思考

BIM技术中的可视化技术能对建筑效果进行动态模拟，从而快速确定最优设计方案。在工程开始之前对数据进行参数化集成分析，利用模型进行各专业协同设计，可最大限度地通过深化设计避免交叉感染，极大地提高工程设计的效率。利用BIM技术进行协同，信息交互更加高效，竣工后交付的数字模型让后期运维更加便捷直观。鼓励学生不断培养自身的BIM技术实力，为未来的职业发展打下良好的基础。

电影《大都会》的启示

《大都会》是1927年由弗里茨·朗执导的无声科幻电影，也是电影史上科幻电影的先驱。故事发生在一个未来的大型城市，大都市的美丽场景蕴含着不同的建筑理念，对现代建筑和结构具有重要意义。这部黑白电影充满了令人惊奇的想法，激励着现代主义建筑师们，也为一代又一代的建筑师们提供了灵感。

由W.H.Corbett设计并绘制的"未来城市"剖面图（city of the future）就受到了该电影的启发。

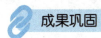

成果巩固

选择题

1. 以下有关相机的设置和修改中描述最准确的是（　　）。

　　A. 在平面、立面、三维视图中鼠标拖曳相机、目标点、远裁剪控制点，可以调整相

机的位置、高度和目标位置

　　B. 单击选项栏"图元属性",可以修改"视点高度""目标高度"参数值调整相机

　　C. 在"视图"菜单中选择"定向"命令,可设置三维视图中相机的位置

　　D. 以上皆正确

2. (　　)用于创建模型的三维动画。

　　A. 漫游　　　　　　　　　　　　　B. 模拟

　　C. 拉伸　　　　　　　　　　　　　D. 放样

3. 在三维透视图中,(　　)命令可以旋转模型。

　　A. 鼠标中键　　　　　　　　　　　B. Shift + 鼠标左键

　　C. Shift + 鼠标中键　　　　　　　D. Shift + 鼠标右键

4. 下列属于渲染前可调整的参数是(　　)。【多选】

　　A. 照明　　　　　　　　　　　　　B. 背景

　　C. 输出质量设置　　　　　　　　　D. 分辨率

5. 在 Revit 软件中漫游可导出的格式为(　　)。【多选】

　　A. avi　　　　　　　　B. mp4　　　　　　　　C. jpg

　　D. gif　　　　　　　　E. png

联考拓展

一、选择题

1.【2021年BIM工程师考试试题】渲染漫游默认相机视图高度偏移量为(　　)。

　　A. 0　　　　　　　　　　　　　　B. 1200

　　C. 1700　　　　　　　　　　　　　D. 1750

2. 将相机目标位置回复到裁剪区域的中心命令是(　　)。

　　A. 重置中心　　　　　　　　　　　B. 重置目标

　　C. 重置尺寸　　　　　　　　　　　D. 尺寸裁剪

3.【2022年BIM工程师考试试题】在渲染时,可设置渲染的分辨率为(　　)。

　　A. 基于屏幕显示　　　　　　　　　B. 基于打印精度

　　C. 以上都是　　　　　　　　　　　D. 以上都不是

4.【2022年BIM工程师考试试题】在编辑漫游时,漫游总帧数为600,帧/s为15,关键帧为5,将第5帧的加速器由1修改为5,其总时间是(　　)s。

　　A. 40　　　　B. 20　　　　C. 60　　　　D. 50

5. 单击Revit左上角"应用程序菜单"中的选项,在弹出的选项对话框中可以进行设置的有(　　)。【多选】

　　A. 常规　　　　　B. 渲染　　　　　C. 管理

　　D. 图形　　　　　E. 检查拼写

二、绘图题（2020年第一期"1+X"BIM初级考试第三题）

基于任务11中的绘图题模型完成以下内容:对房屋的三维模型进行渲染,设置渲染照明方案为"仅日光",背景为"天空:无云",质量设置为"高",其他未标明选项不作要求,结果以"小别墅渲染"保存为图片格式。(扫描二维码

绘图题资源

查看图纸）

 答案

成果巩固

题号	1	2	3	4	5
选项	D	A	C	ABCD	ACDE

联考拓展

题号	1	2	3	4	5
选项	D	B	C	A	ABDE

模块 3　结构建模与配筋

任务 14　创建结构轴网及筏板基础

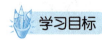

掌握 Revit 以结构样板创建项目的方法，教学楼结构施工图的基础识图能力，以及 Revit 中筏板基础的创建方法。

知识要求：
1. 掌握通过链接其他模型创建轴网的方法。
2. 掌握教学楼基础的识图方法。
3. 掌握 Revit 中筏板基础的创建方法。

能力要求：
1. 能够使用协作的方式链接建筑模型中的轴网。
2. 能够根据图纸信息正确创建和编辑修改筏板基础。

进阶要求：
1. 独立进行不同模型中标高轴网的链接。
2. 能够举一反三创建其他类型的基础。

标高轴网筏板
基础识读

1. 区分不同的项目样板。

在创建建筑模型文件时，需要选择建筑样板。创建结构模型文件时，需要选择结构样板。两者在预设族、计量单位设置、样式设置、视图样板等方面有一定区别。

2. 识读教学楼结构图纸，精确建筑定位，确定结构标高、轴网各个数值。

1）识别结构标高

结构标高与建筑标高不同，建筑标高为装饰装修完成后的标高，结构标高为装饰装修前的标高，通过识读结构施工图可知，无一层 ±0.000 标高，二层、三层、四层、五层的结构标高比建筑标高低 50mm，屋顶层的结构标高与建筑标高一致，均为 21.000m，结构中需要创建筏板基础，基础底标高为 –2.000m。

各结构的标高如表 3-1 所示。

表 3-1 结构标高一览表　　　　　　　　　　　　　　　　　　单位：m

标高名称	标高值	说　明
–2.000（基础底）	–2.000	基础底标高
4.150（结构）	4.150	板顶标高
8.350（结构）	8.350	板顶标高
12.550（结构）	12.550	板顶标高
16.750（结构）	16.750	板顶标高
21.000（结构）	21.000	楼顶标高

2）识别轴网

教学楼结构施工图与建筑施工图纸的轴网一致，可以按照创建建筑模型轴网的方法创建轴网，也可以通过链接、复制的方式直接生成轴网。

3）识别基础的平面位置

第二教学楼的基础为筏板基础，为一个整体，其范围是外墙向外伸出 1000mm，基础厚 600mm。

任务导图

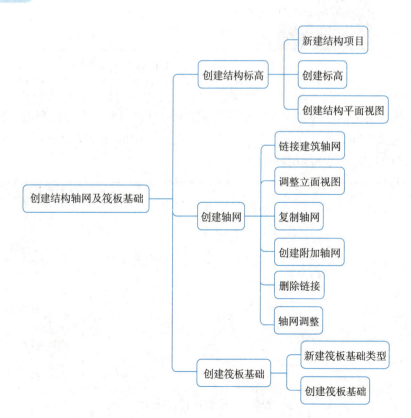

> **感悟思考**
>
> 学生按3~4人组成项目团队,要求每位小组成员按时、保质、保量地完成自己的任务分工,可以充分体会团队协作的重要性。

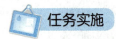**任务实施**

1. 创建结构标高

创建结构标高

1)新建结构项目

启动 Revit 软件后,选择"项目"→"新建"命令,界面弹出"新建项目"对话框,如图 3-1 所示,选择"结构样板",新建项目,单击"确定"按钮创建新的项目文件,界面出现 Revit 工作界面。

图 3-1 "新建项目"对话框

2)创建标高

双击"项目浏览器"→"立面(建筑立面)"→"西",转到西立面视图,新建的项目默认有两个标高,即标高1和标高2,标高值分别是 ±0.000m 和 3.000m,如图 3-2 所示,根据表 3-1 中的数据来创建结构标高。

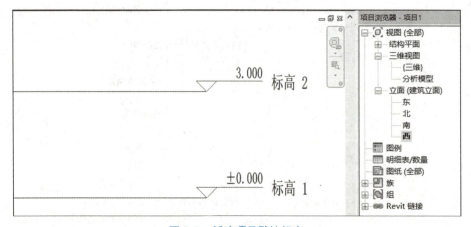

图 3-2 新建项目默认标高

★说明：创建标高时，使用哪个立面都可以，一般选择建筑物的正面或者南面来创建标高。

（1）修改标高2。单击选中标高2，再单击标高2的标高值，该数值处于选中状态，如图3-3所示，输入4.15后按Enter键确认，标高2自动调整到4.150m的位置。

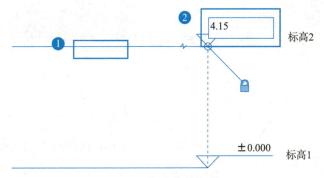

图3-3　标高值的修改

（2）创建其他楼层标高。通过复制创建其他楼层标高，单击选中标高2，输入复制命令co或者执行"修改|标高"→"复制"命令，在选项栏中勾选"约束"和"多个"，如图3-4所示。

图3-4　复制方式生成标高（一）

再次单击标高2确定复制的起点，向上移动鼠标，出现临时尺寸，输入4200，如图3-5所示。

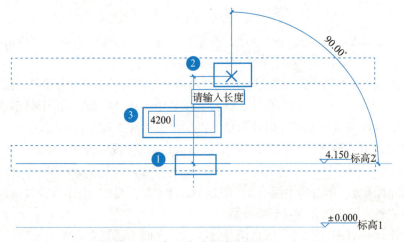

图3-5　复制方式生成标高（二）

按 Enter 键确认，生成标高 3，如图 3-6 所示。

图 3-6　复制方式生成标高（三）

继续向上移动鼠标，依次输入 4200、4200、=21000-16750，分别生成标高 4、标高 5、标高 6，按 Esc 键退出标高的创建，结果如图 3-7 所示。

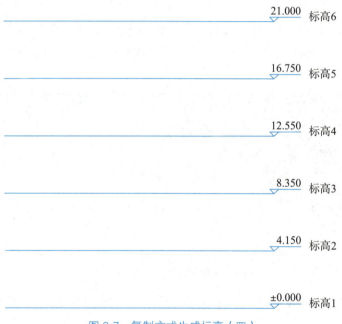

图 3-7　复制方式生成标高（四）

★说明：使用复制方式创建标高时，如果不易直接确定两个标高之间的距离时，可以输入公式由 Revit 完成计算，应注意距离的单位是 mm。

（3）创建基础底标高。继续通过复制创建基础底标高，单击选中标高 2，输入复制命令 co 或者执行"修改"→"复制"命令，保持选项栏中勾选"约束"，由于只创建一个标高，所以"多个"可以勾选，也可以取消勾选，再次单击标高 2 确定复制的起点，向下移动鼠标，出现临时尺寸，输入"=4150+2000"，按 Enter 键，生成标高 7，按 Esc 键退出标高的创建。

（4）删除标高 1。单击选中标高 1，按 Delete 键删除标高 1，会出现警告提示，如图 3-8 所示，单击"确定"按钮，即可删除标高。

（5）修改标高名称。双击"项目浏览器"→"立面（建筑立面）"→"西"，转到西立面视图，单击选中标高 2，再单击标高 2 的名称，则该名称处于选中状态，如图 3-9 所示。

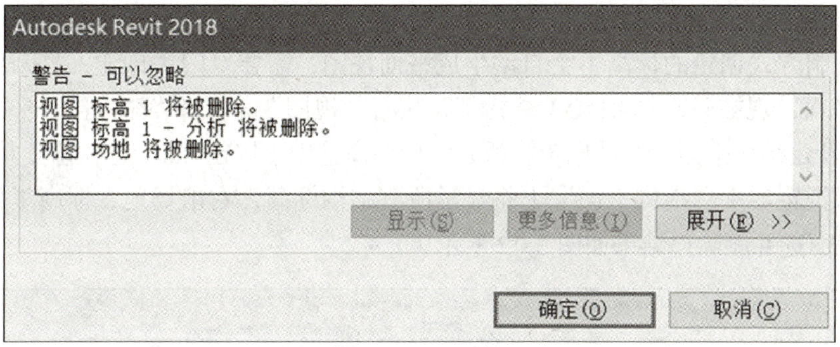

图 3-8　删除标高警告

图 3-9　标高重命名（一）

输入"4.150（结构）"后按 Enter 键确认，会出现"是否希望重命名相应视图？"的提示，如图 3-10 所示。

图 3-10　标高重命名（二）

单击"是（Y）"按钮，将结构平面视图中的标高 2 同时更名为"4.150（结构）"。

用同样的方法，可依次将标高 3 ～标高 7 的名称修改为 8.350（结构）、12.550（结构）、16.750（结构）、21.000（结构）、–2.000（基础底），生成的标高如图 3-11 所示。

图 3-11　标高重命名（三）

3）创建结构平面视图

通过复制方式创建的标高不会自动生成平面视图，需要专门去创建，打开项目浏览器中的结构平面，现在只有"4.150（结构）"，执行"视图"→"平面视图"→"结构平面"命令，在"新建结构平面"对话框中将所有结构标高选中（按住 Shift 键多选），单击"确定"按钮，项目浏览器中"结构平面"下将显示所有结构标高，右击场地、标高 1 分析等不需要的平面视图选并删除，结果如图 3-12 所示。

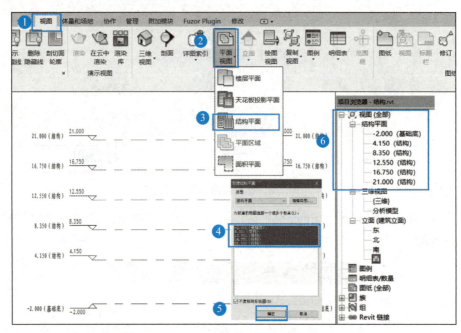

图 3-12　创建结构平面视图

2. 创建轴网

由于轴网数量较多，并且结构轴网与建筑轴网几乎相同，所以，可以通过链接方式进行复制，以节约建模时间，提高准确度。

创建轴网

1）链接建筑轴网

双击"项目浏览器"→"结构平面"→"4.150（结构）"，打开标高 4.150 结构平面视图，执行"插入"→"链接 Revit"命令，选中任务 3 建立的建筑标高轴网模型，定位方式为原点到原点，如图 3-13 所示，单击"打开"按钮完成建筑模型的链接。

> **感悟思考**
>
> BIM 技术在设计时，其核心是快速、有效、高质量地完成建设任务，在完成任务过程中，培养学生树立消除设计隐患、缩短工期、减少浪费、减少能耗、提升项目效益的意识。

2）调整立面视图

由于教学楼体量较大，4 个立面视图符号出现在轴网内，需要将立面视图符号移动到轴网范围以外，才能在立面视图中正确显示模型。

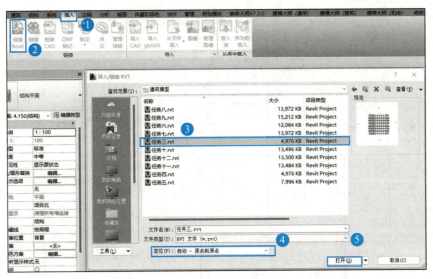

图 3-13 插入链接

通过从左上到右下框选的方式，分别选中 4 个立面视图，将立面视图拖到合适的位置，保证轴网链接在 4 个立面视图的范围内，如图 3-14 所示。

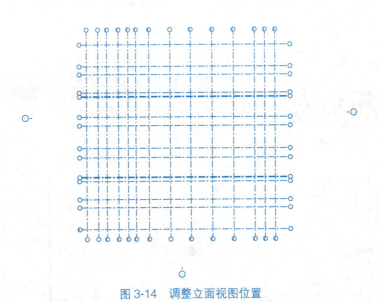

图 3-14 调整立面视图位置

★说明：框选时，如果选中了其他构件，可通过过滤器筛选，只保留立面和视图后再进行移动。

3）复制轴网

执行"协作"→"复制/监视"→"选择链接"命令，单击链接进来的轴网，如图 3-15 所示。

★说明：链接进来的轴网模型是一个整体，当鼠标移到标高轴网模型边缘时，出现一个方框，此时单击鼠标即可选中链接进来的整个模型。

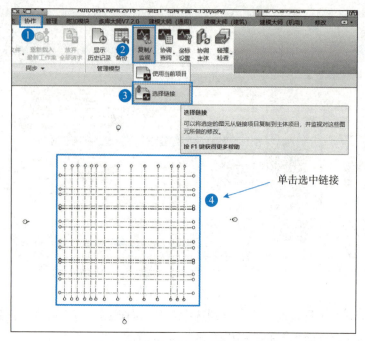

图 3-15 复制/监视 - 选择链接命令

接着选择"复制"命令,在选项卡中勾选"多个",框选链接模型中的所有轴网,单击选项卡中的"完成"按钮,再单击"复制/监视"面板中的"完成"按钮,即可将建筑模型的轴网复制到结构模型中,如图 3-16 所示。

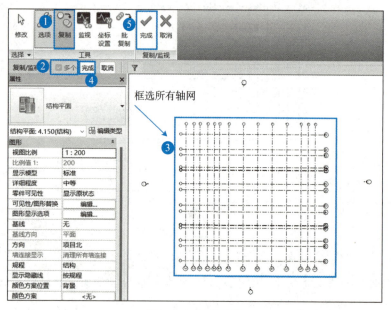

图 3-16 链接轴网

★说明:执行"复制"命令后,链接进来的轴网被分解成单个构件,框选时,如果容易选中其他构件,可通过过滤器功能进行筛选,只保留轴网,再单击"完成"按钮。

4)创建附加轴网

根据创建结构构件的位置要求,需要在 D 轴下方、N 轴上方各 1200mm 处添加两条附加轴网。

双击"项目浏览器"→"结构平面 | 4.150（结构）"，打开标高 4.150 结构平面视图，输入快捷命令 gr，或者执行"结构"→"基准"→"轴网"命令，如图 3-17 所示。

图 3-17　创建附加轴网（一）

采用"拾取线"方式，将偏移量设置为 1200，如图 3-18 所示。

图 3-18　创建附加轴网（二）

将鼠标指针移动到 D 轴稍微偏下一点，会在 D 轴下方出现一条蓝色虚线，如图 3-19 所示，单击生成一条轴网，再将鼠标指针移动到 N 轴稍微偏上一点，会在 N 轴上方出现一条蓝色虚线，单击生成另一条轴网，按 Esc 键退出拾取命令。

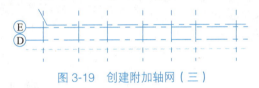

图 3-19　创建附加轴网（三）

分别选中新创建的两条轴网，单击其轴号，将其轴号重命名为 1/C 和 1/N，如图 3-20 所示。

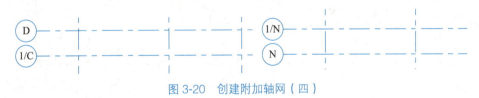

图 3-20　创建附加轴网（四）

★说明：附加轴网的编号应以分数形式表示，"分母"表示前一轴线的编号，"分子"表示附加轴线的编号，编号用阿拉伯数字顺序编写；①号轴线或Ⓐ号轴线之前的附加轴线的"分母"应以 01 或 0A 表示。

5）删除链接

轴网生成后，单击"管理"选项卡下"管理项目"面板中的"管理链接"按钮，在"管理链接"对话框中选中链接的"任务 3.rvt"，单击"确定"按钮删除链接，如图 3-21 所示。

★说明：也可通过单击选中的方式删除链接。

6）轴网调整

选中轴网①，单击"属性"面板中的"编辑类型"按钮，在"类型属性"对话框中修改类型参数，修改内容如图 3-22 所示。

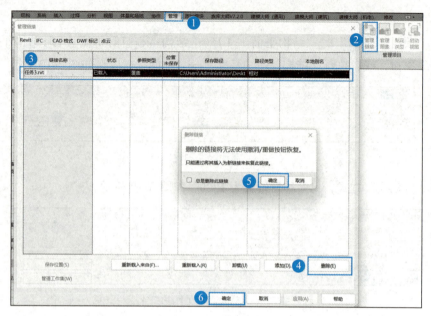

图 3-21 删除链接

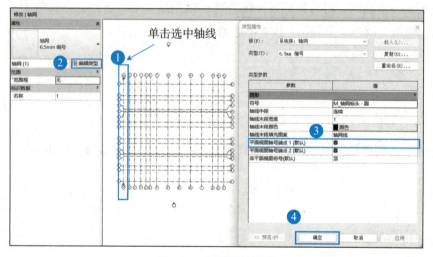

图 3-22 轴网属性调整

对重叠的轴号，可单击轴号内侧的添加弯头符号，如图 3-23 所示，然后通过拖动移动柄调整轴号的位置，直到没有重叠为止。

图 3-23 轴号位置调整

框选 4.150 层所有轴线，单击选项面板中的"影响范围"按钮，打开"影响基准范围"对话框，选择各个结构平面视图，单击"确定"按钮，即可在所有平面视图中显示轴网，如图 3-24 所示。

★说明：如果同时框选了轴网及其他构件（如立面视图），则不会出现影响范围选项，需要在过滤器中筛选出轴网,才可以进行下一步影响范围的操作。

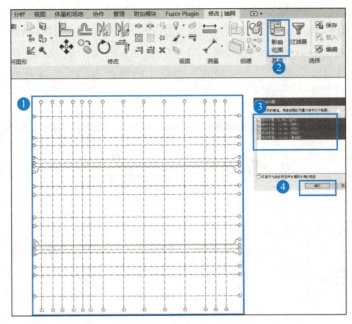

图 3-24　影响范围选择

3. 创建筏板基础

1)新建筏板基础类型

通过识读图纸可知,筏板底标高为 –2.000m,筏板厚度为 600mm。双击"项目浏览器"→"结构平面"→"–2.000(基础底)",打开 –2.000 结构平面视图,执行"结构"→"基础"→"板"→"结构基础:楼板"命令。从"属性"面板中选择任意一种类型的基础底板,单击"编辑类型"按钮,打开"类型属性"对话框,单击"复制"按钮,输入名称"600mm 筏板"后单击"确定"按钮,单击结构行的"编辑"按钮,打开"编辑部件"对话框,将"结构 [1]"的厚度值改为 600,如图 3-25 所示。

创建筏板基础

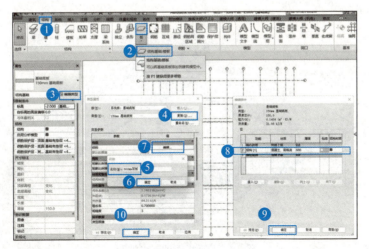

图 3-25　创建筏板基础类型

2）创建筏板基础

单击"修改"→"创建楼层边界"→"绘制"→"边界线"按钮，然后单击"直线"按钮，将选项栏中的"偏移量"设为1000.0，顺时针沿着基础边缘内侧1000mm距离的轴线绘制直线，就会在该轴线外1000mm处出现一条紫色直线，之后形成基础底板轮廓线草图，单击"修改"→"创建楼层边界"→"模式"面板中的绿色对钩，完成筏板基础的创建，如图3-26所示。

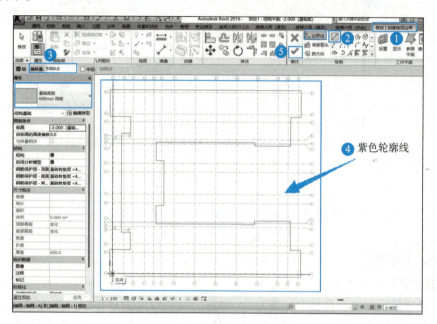

图3-26　绘制筏板基础轮廓线

★说明：轮廓线草图必须形成闭合环或边界条件，如有轮廓线缺少、多余、重合、不闭合等错误，系统会弹出错误提示，以橘红色显示错误部分，可根据系统提示的错误进行修改，直至完全正确为止。

双击"项目浏览器"→"三维视图"→"｛三维｝"，打开筏板基础三维视图，如图3-27所示。

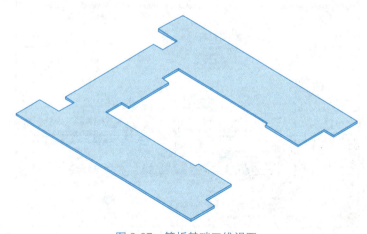

图3-27　筏板基础三维视图

> **实操答疑**

1. 如何隐藏链接的模型?

输入快捷命令 vv,或执行"视图"→"可见性/图形替换"命令,打开"可见性设置"对话框,打开对话框中的"Revit 链接"选项卡,将链接进来的文件前的"√"取消,即可隐藏链接的文件,如图 3-28 所示。

图 3-28 设置 Revit 链接可见性

> **感悟思考**
>
> 通过训练,学生能够意识到 BIM 工程师所必须具备的严谨的工作态度。

2. 如何删除链接的模型?

执行"管理"→"管理链接"命令,打开"管理链接"对话框,选中链接模型所在行,单击"删除"按钮则删除链接模型及链接模型记录,单击"卸载"按钮则删除链接模型,但保留链接记录。以后再用时,可以通过重新载入加载链接的模型,如图 3-29 所示。

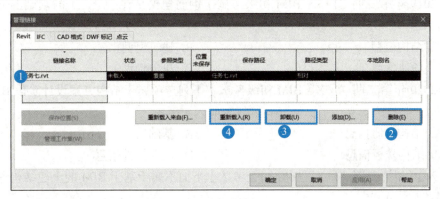

图 3-29 删除链接的模型

> **基础决定高度**
>
> 本节介绍了基础的创建方法,万丈高楼平地起,基础决定高度。基础是建筑物的组成部分,是建筑物地面以下的承重构件,支撑着其上部建筑物的全部荷载,并将这些荷载及基础自重传给下面的地基。因此,基础工程起承上启下的作用,基础不牢,地动山摇,基础必须坚固稳定。基础工程可以映射每个人的成长,每个人都要打好人生的基础,做有理想、有本领、有担当的新时代青年,扣好人生"第一粒扣子"。

成果巩固

选择题

1. 以下不包含在 Revit "结构" → "基础" 中的命令是（　　）。
   A. 条形　　　　　B. 独立　　　　　C. 筏板　　　　　D. 板

2. 可见性选项卡可以通过（　　）键调出。
   A. aa　　　　　B. vv　　　　　C. mv　　　　　D. de

3. 筏板基础可以由（　　）图纸看出。【多选】
   A. 结构设计总说明　　　　　B. 基础平面布置图
   C. 柱平面布置图　　　　　D. 板平面布置图

4. 布置独立基础时，可以设置基础的（　　）参数。【多选】
   A. 底面宽度　　　B. 高度　　　C. 底面长度　　　D. 坡度

5. 如何卸载链接进来的 rvt 模型？（　　）【多选】
   A. 管理选项卡中的管理链接，删除链接模型
   B. 直接选中链接，右击删除
   C. vv 可见性中，删除
   D. 全部选中，过滤器找到链接模型，进行删除。

联考拓展

一、选择题

1.【2019 年第二期 "1+X" BIM 初级考试】钢筋建模是在（　　）的基础上进行钢筋的详图设计。
   A. 结构模型　　　　　B. 建筑模型
   C. 场地模型　　　　　D. 机电模型

2.【2020 年第二期 "1+X" BIM 初级考试】下列选项属于结构方案设计阶段 BIM 模型内容的是（　　）。
   A. 结构材质信息　　　　　B. 基础信息
   C. 结构楼板信息　　　　　D. 次要构件信息

3.【2020 年第二期 "1+X" BIM 初级考试】下面不属于基于 BIM 的土建结构深化设计内容的是（　　）。
   A. 门、窗等构件的施工图深化　　　　　B. 预留洞口及预埋件位置深化
   C. 管线支架深化　　　　　D. 结构钢筋深化

4.【2021 年 BIM 工程师考试试题】下列选项中不属于基于 BIM 技术的钢筋翻样软件主要特征的就是（　　）。
   A. 支持优化设计　　　　　B. 支持钢筋优化断料
   C. 支持料表输出　　　　　D. 支持建立钢筋结构模型

5.【2019 年第二期 "1+X" BIM 初级考试】下面关于 BIM 结构设计基本流程的说法中正确的是（　　）。【多选】

A. 不能使用 BIM 软件直接创建 BIM 结构设计模型
B. 可以从已有的 BIM 建筑设计模型提取结构设计模型
C. 可以利用相关技术对 BIM 结构模型进行同步修改，使 BIM 结构模型和结构计算模型保持一致
D. 可以提取结构构件工程量
E. 可以绘制局部三维节点

二、绘图题（图学学会 BIM 技能等级考试试题二级结构专业第八期第二题）

根据给出的剖面图及尺寸，利用基础墙和矩形截面条形基础建立条形基础模型，并将材料设置为 C15 混凝土，基础长度取合理值。（扫描二维码查看图纸）

绘图题资源

 答案

成果巩固

题号	1	2	3	4	5
选项	C	B	AB	ABC	ABD

联考拓展

题号	1	2	3	4	5
选项	A	A	C	A	BCDE

任务 15　创建结构柱及钢筋

 学习目标

独立掌握教学楼结构施工图的结构柱及钢筋的识图和 Revit 中结构柱及钢筋的创建方法。

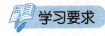 学习要求

知识要求：

1. 掌握教学楼结构柱及钢筋的识图方法。
2. 掌握 Revit 中结构柱的创建方法。
3. 掌握 Revit 中结构柱中钢筋的创建方法。

能力要求：

1. 能够根据图纸信息正确创建和编辑修改结构柱的属性参数。
2. 能够通过剖面创建和修改柱内钢筋模型。

进阶要求：

1. 独立进行箍筋、纵筋等不同属性钢筋的编辑修改。
2. 能够举一反三创建圆柱及钢筋模型。

任务准备

1. 结构柱及钢筋信息识读

结构柱的保护层厚度均为 30mm，以某框架柱为例，截面尺寸为 600mm×600mm，箍筋配置的是直径为 8mm 的 HRB400 级钢筋，加密区间距为 100mm，非加密区间距为 200mm，从基础底至 21.000 标高范围内，纵筋配置为 4 根直径 25mm 的 HRB400 级钢筋，箍筋起步距离为 50mm。

结构柱及钢筋信息识读

2. 结构柱信息收集

识读结构柱平面布置图，得到结构柱的信息，如表 3-2 所示。

表 3-2 结构柱信息

柱名称	截面尺寸	纵筋配筋	箍筋配筋	备 注
KZ1	600×600	16⊕25	⊕8@100/200	箍筋起步距离 50mm，柱钢筋保护层厚度 30mm
KZ2	600×600	12⊕20	⊕8@100/200	
KZ3	600×600	12⊕25	⊕8@100/200	
KZ4	400×400	8⊕16	⊕8@100/200	
KZ5	600×600	22⊕25	⊕10@100/200	
KZ6	500×500	14⊕25	⊕8@100/200	
KZ7	600×600	14⊕25	⊕8@100/200	

任务导图

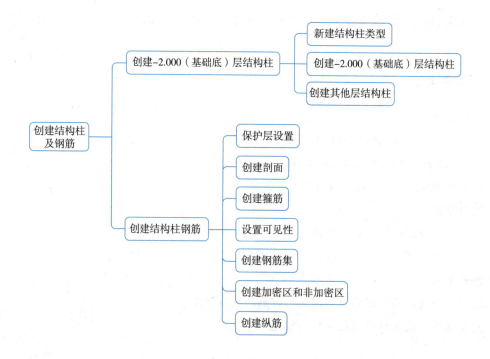

任务实施

1. 创建 –2.000（基础底）层结构柱

1）新建结构柱类型

双击"项目浏览器"→"结构平面"→"–2.000（基础底）",打开 –2.000 基础底标高结构平面视图,选择"结构"→"柱"命令,在"属性"面板中单击类型选择器,单击下拉按钮选择任一类型的"混凝土-矩形-柱",单击"编辑类型"按钮,在弹出的"类型属性"对话框中单击"复制"按钮并将其命名为"KZ1_600×600",单击"确定"按钮,修改尺寸 b 为 600, h 为 600,单击"确定"按钮,在选项栏中修改放置方式为"高度"和"4.150（结构）"处,取消启用分析模型选择框,完成 KZ1 类型的创建,操作步骤如图 3-30 所示。

用同样的步骤创建其他结构柱类型,包括 KZ2_600×600、KZ3_600×600、KZ4_400×400、KZ5_600×600、KZ6_500×500、KZ7_600×600,创建完成后的"属性"面板如图 3-31 所示。

创建结构柱类型

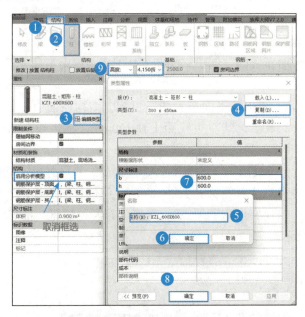

图 3-30 柱属性设置

图 3-31 新建结构柱类型列表

> **感悟思考**
>
> 学生能够在设计实践中理解工程师科学、严谨、细致的职业精神和社会责任,自觉遵守建筑设计规范,培养节约工期、降低成本的职业意识。

2）创建 –2.000（基础底）层结构柱

通过识读结构柱平面布置图可知,教学楼为南北对称结构。因此,创建柱时,可以只创建 A 座全部和连廊南半部分,其余部分通过镜像命令进行复制。

（1）创建 –2.000（基础底）层南半部分结构柱。双击"项目浏览器"→"结

创建基础底层结构柱

构平面"→"–2.000（基础底）"，打开 –2.000 基础底标高结构平面视图，选择"结构"→"柱"命令，在"属性"面板中选择柱样式"KZ1_600×600"，在选项卡中设置高度为 4.150，单击"在放置时进行标记"按钮，如图 3-32 所示。

在绘图区域 A 轴与 1 轴交点位置单击，完成 KZ1 创建，如图 3-33 所示。

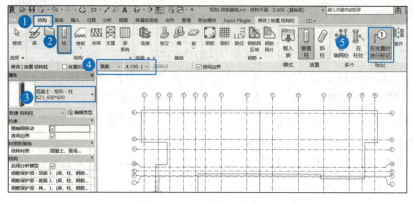

图 3-32　KZ1 的创建（一）

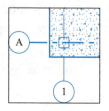

图 3-33　KZ1 的创建（二）

★说明：选择在轴网处命令，即可快速将多个柱放置在选定轴线的交点处。

用同样的方法，可依据"结构柱平面布置图"创建 –2.000（基础底）层南半部分其余的结构柱。

（2）调整结构柱的位置。通过识读"结构柱平面布置图"可知，结构柱的中心并不在轴网交点上，如 A 轴与 1 轴交点处的 KZ1，其左边线距 1 轴 120mm，下边线距 A 轴 120mm，调整结构柱位置的操作步骤如下。

① 导入 CAD 图纸。执行"插入"→"链接"→"链接 CAD"命令，界面弹出"链接 CAD 格式"对话框，选中"–2.000（基础底）柱平面布置图 .dwg"，勾选仅当前视图，将导入单位设置成"毫米"，定位设置为"自动-原点到原点"，单击"打开"按钮，将 CAD 图纸导入 Revit 模型文件，如图 3-34 所示。

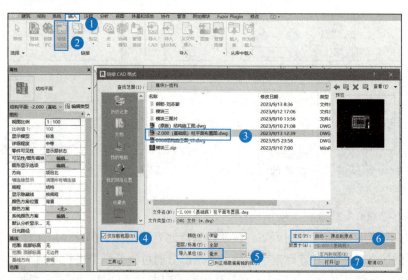

图 3-34　链接 CAD

★说明：也可以使用"插入"→"链接"→"导入CAD"命令导入CAD图纸，该命令将CAD图纸加入Revit模型中，并成为模型的一部分，而"链接CAD"命令只是将CAD图纸的位置信息加入Revit模型，如果图纸的位置或者模型的位置发现变化，图纸可能无法使用。

② 移动结构柱的位置。选中A轴与1轴交点的KZ1，输入快捷命令al，或者执行"修改"→"结构"→"对齐"命令，单击图纸中KZ1的下边线，再单击模型中KZ1的下边线，模型中的KZ1将整体向上移动至正确位置，再单击图纸中KZ1的左边线，最后单击模型中KZ1的左边线，模型中的KZ1将整体向右移动至正确位置，如图3-35所示。

至此，模型中的KZ1与图纸中的KZ1位置完全重合，如图3-36所示。

采用同样步骤，可将-2.000（基础底）层南半部分其他柱调整到正确位置。

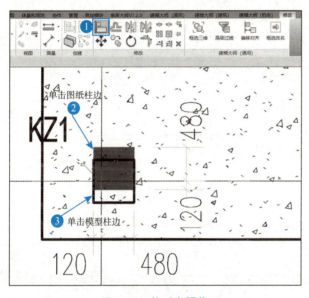
图3-35 柱对齐操作

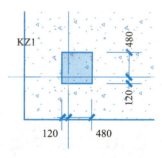
图3-36 柱的正确位置

★说明：使用对齐命令时，可在选项栏中选中"多重对齐"复选框，将多个图元与一个位置对齐（或者按住Ctrl键，同时选择多个图元进行对齐）。

（3）创建-2.000（基础底）层北半部分结构柱。

由于教学楼南北对称，北半部分的结构柱可采用镜像方式生成，不用采用手工方式单个创建。

① 创建对称轴。首先在H轴和J轴中心位置创建参照平面，输入快捷命令rp，或者执行"结构"→"工作平面"→"参照平面"命令，单击绘制面板中的"拾取线"，在选项栏中的偏移处输入"=8400/2"，如图3-37所示。

将鼠标移动到H轴向上一点，上方出现一条浅蓝色虚线，单击鼠标完成参照平面的创建，如图3-38所示。

② 镜像复制结构柱。框选教学楼-2.000（基础底）层南半部分新创建的结构柱模型，执行"修改"→"过滤器"命令，界面出现过滤器对话框，只勾选结构柱，取消勾选其余构件，单击"确定"按钮，如图3-39所示。

输入快捷命令mm，或者执行"修改"→"镜像"→"拾取轴"命令，单击刚刚在H

轴和 J 轴之间创建的参照平面，完成结构柱的镜像复制，如图 3-40 所示。

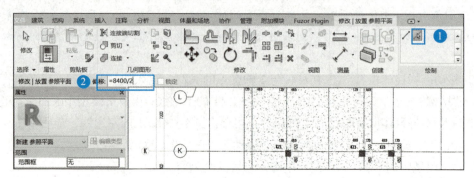

图 3-37 对称轴参数设置

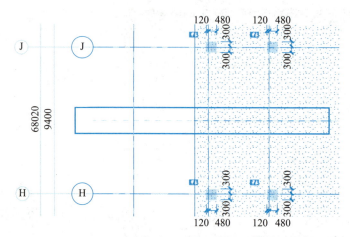

图 3-38 对称轴的创建

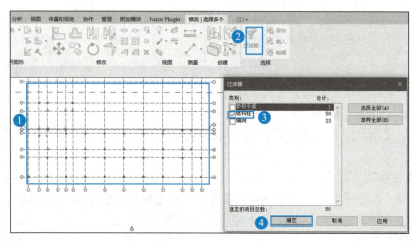

图 3-39 过滤器选择柱

双击"项目浏览器"→"三维视图"→"{三维}"，打开完成后的 –2.000（基础底）层结构柱三维模型，如图 3-41 所示。

（4）调整 –2.000（基础底）层结构柱标高。

在创建结构柱时，默认底标高是当前平面视图标高，即基础底标高 –2.000m，需要将

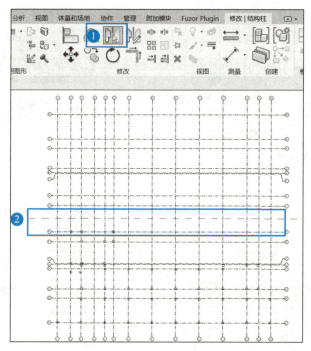

图 3-40 镜像操作

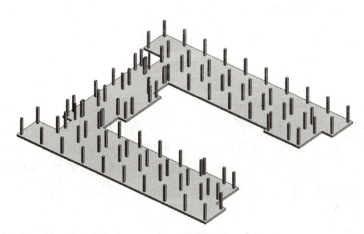

图 3-41 −2.000 层结构柱三维模型

结构柱底标高调整为基础顶标高,即向上偏移筏板基础的厚度 600mm。

双击"项目浏览器"→"结构平面"→"−2.000(基础底)",打开 −2.000 基础底标高结构平面视图,框选教学楼 −2.000(基础底)层全部结构柱模型,执行"修改"→"过滤器"命令,界面弹出过滤器对话框,只勾选结构柱,取消勾选其余构件,单击"确定"按钮,如图 3-42 所示。

在"属性"面板中,将底部偏移值设置为 600,如图 3-43 所示,单击"应用"按钮完成结构柱标高调整。

3)创建其他层结构柱

教学楼由 A 座、B 座和连廊三部分组成,从平面上看,−2.000(基础底)、4.150(结构)、8.350(结构)层的结构类似,有连廊,12.550(结构)、16.750(结构)

创建其他
层结构柱

层的结构类似，没有连廊。因此，可将 –2.000（基础底）层结构柱复制到上面四层，再将最上面两层连廊部分删除，最后根据图纸对各层结构柱进行修改，完成结构柱的创建任务。

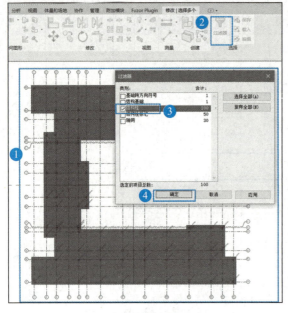

图 3-42　结构柱的选定

图 3-43　结构柱底标高调整

★说明：由于 –2.000（基础底）层结构柱高度包含基础层高度，大于其他各层高度，因此，在复制结构柱时，会出现结构柱重合的提示，此时可以先忽略，后期再进行调整。

（1）复制生成各层结构柱。双击"项目浏览器"→"结构平面"→"–2.000（基础底）"，打开 –2.000 基础底标高结构平面视图，框选该层全部结构柱模型，执行"修改"→"过滤器"命令，界面弹出过滤器对话框，只勾选结构柱，取消勾选其余构件，单击"确定"按钮。

执行"剪贴板"→"复制"命令，再执行"剪贴板"→"粘贴"命令，界面出现"选择标高"对话框，选择其余四层，如图 3-44 所示，单击"确定"按钮完成复制。若出现结构柱高度重合的提示，可忽略。

双击"项目浏览器"→"三维视图"→"{三维}"，打开完成后的结构柱三维模型，如图 3-45 所示。

（2）各层结构柱的调整。

① 4.150（结构）层结构柱的调整。双击"项目浏览器"→"结构平面"→"4.150（结构）"，打开 4.150（结构）平面视图，框选教学楼该层全部结构柱模型，执行"修改"→"过滤器"命令，弹出"过滤器"对话框，只勾选结构柱，取消勾选其余构件，单击"确定"按钮。

在"属性"面板中，将底部偏移值设置为 0，顶部偏移值设置为 0，如图 3-46 所示，单击"应用"按钮，完成结构柱标高调整。

通过对比可知，4.150（结构）层与 –2.000（基础底）层结构柱的位置与数量一致，无须再做其他调整。

② 8.350（结构）层结构柱的调整。双击"项目浏览器"→"结构平面"→"8.350（结构）"，打开 8.350（结构）平面视图，框选教学楼该层全部结构柱模型，执行"修改"→"过

滤器"命令，出现过滤器对话框，只勾选结构柱，取消勾选其余构件，单击"确定"按钮。

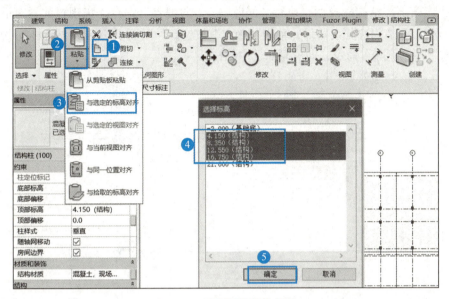

图 3-44　楼层间构件的复制

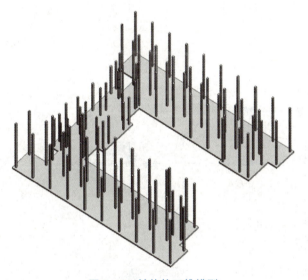

图 3-45　结构柱三维模型

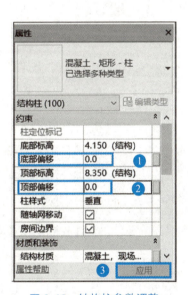

图 3-46　结构柱参数调整

在"属性"面板中，将底部偏移值设置为 0，顶部偏移值设置为 0，如图 3-46 所示，单击"应用"按钮，完成结构柱标高调整。

通过对比可知，8.350（结构）层与 –2.000（基础底）层结构柱的位置与数量一致，不用再做其他调整。

③ 12.550（结构）层结构柱的调整。双击"项目浏览器"→"结构平面"→"12.550（结构）"，打开 12.550（结构）平面视图，框选教学楼该层全部结构柱模型，执行"修改"→"过滤器"命令，出现"过滤器"对话框，只勾选结构柱，取消勾选其余构件，单击"确定"按钮。

在"属性"面板中，将底部偏移值设置为 0，顶部偏移值设置为 0，如图 3-46 所示，单击"应用"按钮，完成结构柱标高调整。

通过识读 12.550 结构平面布置图可知，该层没有连廊，需要将连廊处的结构柱全部删除。框选连廊全部结构柱模型，执行"修改"→"过滤器"命令，出现过滤器对话框，只勾选结构柱，取消勾选其余构件，单击"确定"按钮，如图 3-47 所示。按 Delete 键或者执行"修改"→"删除"命令，即可删除选中的柱。

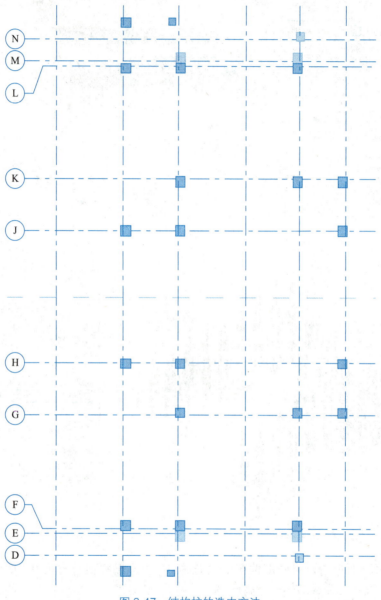

图 3-47　结构柱的选中方法

★说明：由于连廊与 A、B 座连接处呈交错状，在框选时，会多选或少选部分结构柱。若是少选，则按住 Ctrl 键不放，再单击未选结构柱进行加选；若是多选，则按住 Shift 键不放，再单击多选结构柱取消选中，直到选中连廊的所有结构柱。

④ 16.750（结构）层结构柱的调整。双击"项目浏览器"→"结构平面"→"16.750（结构）"，打开 16.750（结构）平面视图，框选教学楼该层全部结构柱模型，执行"修改"→"过滤器"命令，出现"过滤器"对话框，只勾选结构柱，取消勾选其余构件，单击"确定"按钮，

在"属性"面板中，将底部偏移值设置为 0，顶部偏移值设置为 0，如前图所示，单击"应用"按钮，完成结构柱标高调整。

识读 16.750 结构平面布置图，该层没有连廊，需要将连廊处的结构柱全部删除。框选连廊全部结构柱模型，执行"修改"→"过滤器"命令，界面弹出"过滤器"对话框，只勾选结构柱，取消勾选其余构件，单击"确定"按钮，操作步骤可参考前图。按 Delete 键或者执行"修改"→"删除"命令，删除选中的柱。

双击"项目浏览器"→"三维视图"→"{三维}"，打开完成后的结构柱三维模型，如图 3-48 所示。

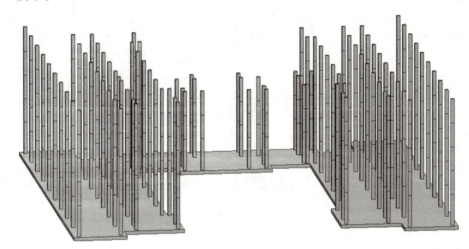

图 3-48　调整后结构柱的三维模型

2. 创建结构柱钢筋

设置柱的保护层及创建剖面

结构柱的钢筋分为纵筋和箍筋两种类型。由于钢筋在结构柱内部，因此，在创建钢筋时，需要对结构柱进行剖切，然后在剖面上创建钢筋。下面以Ⓐ轴与①轴交点 KZ1 为例介绍如何创建和编辑结构柱钢筋。

1）保护层设置

双击"项目浏览器"→"结构平面"→"4.150（结构）"，打开 4.150 层结构平面视图，框选全部结构柱模型，执行"修改"→"过滤器"命令，界面弹出过滤器对话框，只勾选结构柱，取消勾选其余构件，单击"确定"按钮。

执行"结构"→"钢筋"→"保护层"命令，打开"钢筋保护层设置"对话框，单击"添加"按钮，增加"柱 <30mm>"，如图 3-49 所示。

2）创建剖面

双击"项目浏览器"→"立面（建筑立面）"→"南"，转到南立面视图，输入快捷命令 rp，或者执行"结构"→"工作平面"→"参照平面"命令，在南立面图中创建一个参照平面，距离柱底为 50mm（箍筋是从柱底 50mm 开始布置），如图 3-50 所示。

执行"视图"→"剖面"命令，创建剖面 1，如图 3-51 所示。

选中剖面，执行"修改"→"旋转"命令，将旋转原点拖动到参照平面上，再拖动旋转柄旋转 90°，将剖面框从 5 处旋转到 6 处的位置，如图 3-52 所示。

旋转后的剖面需要朝向上方。若朝向下方，要单击翻转箭头调整方向，拖动可视范围框，

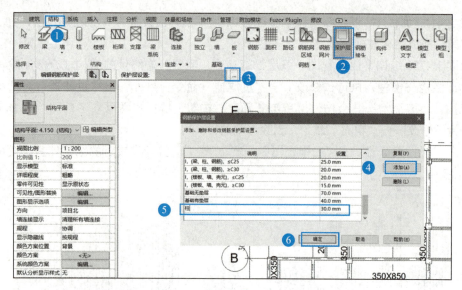

图 3-49　添加钢筋保护层参数

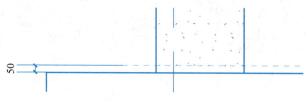

图 3-50　创建参照平面

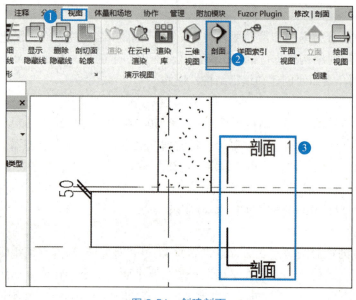

图 3-51　创建剖面

使整个结构柱都在可视范围,如图 3-53 所示。

　　选中结构柱剖面,右击,在弹出的快捷菜单中选择"转到视图"命令,转到剖面视图,拖动剖面四周的蓝点,调整一下视图范围,如图 3-54 所示。

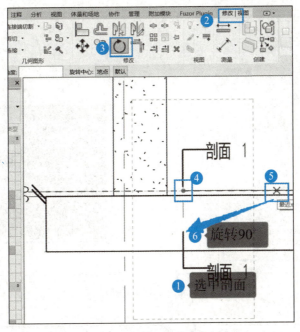

图 3-52 剖面创建示意

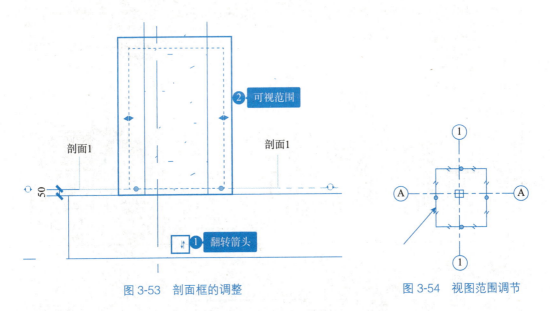

图 3-53 剖面框的调整　　　　　图 3-54 视图范围调节

★**说明**：若在操作过程中转到其他视图，可双击"项目浏览器"→"剖面"→"剖面 1"，回到剖面视图。

单击选中 KZ1，在"属性"面板中，将钢筋保护层设置为"柱 <30mm>"，如图 3-55 所示。

3）创建箍筋

以最外侧箍筋为例介绍箍筋的创建，选择"结构"→"钢筋"命令，界面弹出"钢筋形状浏览器"，选择"钢筋形状：33"，在"属性"面板中选择钢筋类型"8HRB400"，如图 3-56 所示。

创建结构柱箍筋

然后将鼠标移至柱内，单击放置箍筋，箍筋弯钩方向任意（可按空格键改变箍筋弯钩方向），放置箍筋，如图 3-57 所示。

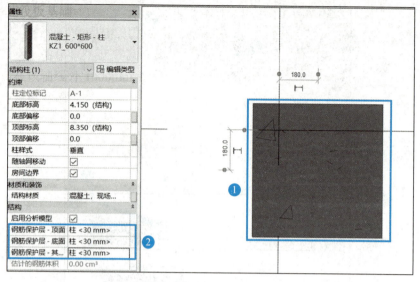

图 3-55　保护层厚度设置

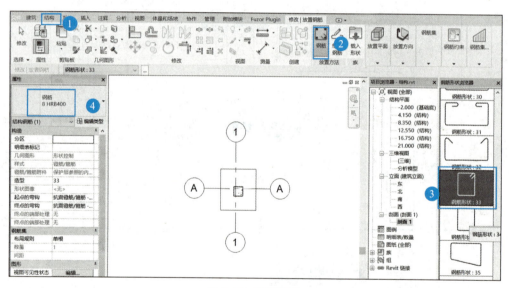

图 3-56　箍筋属性

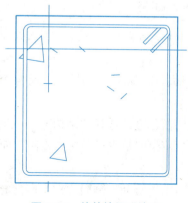

图 3-57　箍筋放置后效果

4）设置可见性

选中箍筋，在"属性"面板中单击"视图可见性状态"后的"编辑"按钮，界面弹出"钢筋图元可见性状态"对话框，将三维视图行的两项均勾选，如图 3-58 所示。

图 3-58　设置钢筋的可见性

5）创建钢筋集

选中新创建的箍筋，在钢筋集面板中设置箍筋的布局、数量、间距，布局设置为"最大间距"，间距设置为 100.0mm，如图 3-59 所示。

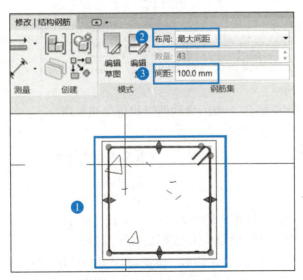

图 3-59　钢筋集参数布置

6）创建加密区和非加密区

双击"项目浏览器"→"立面（建筑立面）"→"南"，转到南立面视图，将状态栏中的详细程度设置为"精细"，视觉样式设置为"线框"，以便于观察钢筋的位置，如图 3-60 所示。

通过识读图纸可知，此柱箍筋加密区间距为100mm，非加密区为200mm，加密区长度为600mm，下部加密区底端从柱底开始，上部加密区顶端从梁底开始（此处梁高850mm）。根据以上数据创建两端加密区起止位置的参照平面，如图3-61所示。

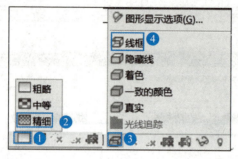
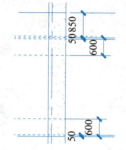

图3-60　状态栏参数设置　　　　　　　图3-61　设置参照平面

在南立面视图中选中箍筋钢筋集，两端出现拖动柄，如图3-62所示。

拖动钢筋集上下两端的拖动柄，与下部加密区的两个参照平面对齐。如图3-63所示。

图3-62　箍筋拖动柄　　　　　　图3-63　加密区钢筋的创建

选中下部加密区的钢筋集，将其复制到上部加密区和中部非加密区，如图3-64所示。

选中中部非加密区的钢筋集，在钢筋集面板中设置箍筋的布局、数量、间距，布局设置为"最大间距"，间距设置为200.0mm，如图3-65所示。

拖动中部非加密区钢筋集上端的拖动柄至相应参照平面，完成箍筋的创建，如图3-66所示。

★说明：选中箍筋，找到下方复选框，取消勾选可将第一根箍筋隐藏。

7）创建纵筋

下面以4根角筋为例介绍纵筋的布置方法。双击"项目浏览器"→"剖面"→"剖面1"，转到在KZ1剖面视图，选择"结构"→"钢筋"命令，界面弹出"钢筋形状浏览器"，选择"钢筋形状：01"，在"属性"面板中选择"25HRB400"，放置平面设置为"当前工作平面"，钢筋放置方向设置为"垂直于保护层"，如图3-67所示。

沿着箍筋内侧，在4个角单击，生成纵筋，如图3-68所示。
选中所有纵筋，在"属性"面板中单击"视图可见性状态"

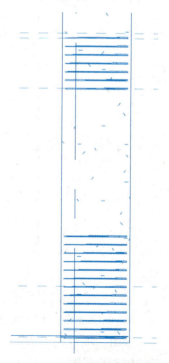

图3-64　加密区钢筋间距设置

后的"编辑"按钮,界面弹出"钢筋图元视图可见性状态"对话框,将三维视图行的两项均勾选,如图 3-69 所示。

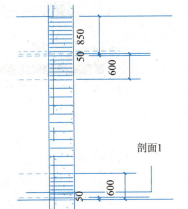

创建结构柱纵筋

图 3-65 非加密区钢筋间距设置　　图 3-66 箍筋创建的结果

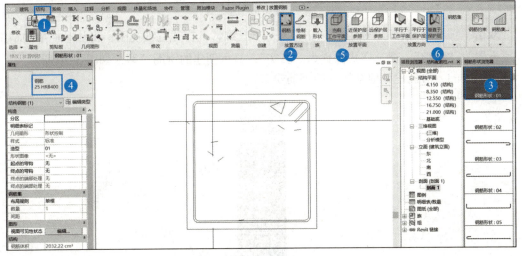

图 3-67 纵筋参数的设置

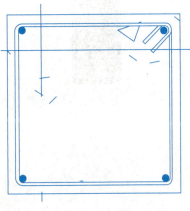

图 3-68 创建 KZ1 纵筋

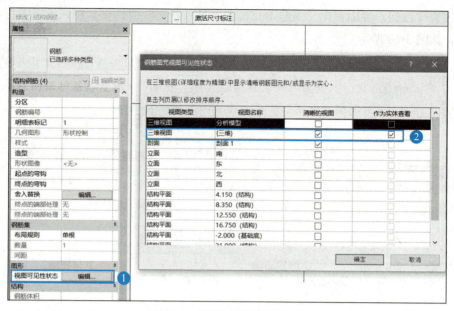

图 3-69 视图可见性状态设置

双击"项目浏览器"→"三维视图"→"{三维}",打开三维视图,将状态栏中的精细程度设置为"精细",视觉样式设置为"真实",显示创建的钢筋模型,如图 3-70 所示。用相同的方法创建其他结构柱的钢筋模型。

图 3-70 钢筋的三维效果图

实操答疑

1. 调整结构柱实例参数。

单击放置好的结构柱,在"属性"面板中调整结构柱的"底部标高""底部偏移""顶部标高""顶部偏移"等参数,如图 3-71 所示。

2. 如何选择和调整钢筋集？

单击创建好的钢筋，可以在属性栏中调整纵筋的强度等级、起点弯钩、终点弯钩、布局规则等参数，也可在面板的"钢筋集"调整布局规则，如图 3-72、图 3-73 所示。

图 3-71　结构柱实例属性参数

图 3-72　钢筋实例属性参数

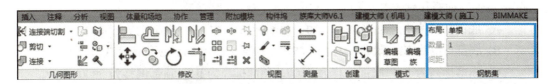
图 3-73　钢筋布局设置

3. 钢筋加密区和非加密区位置的划分方式。

由于结构柱内箍筋分别在加密区和非加密区设置，可采用在柱的南立面图中创建参照平面的方式区分钢筋加密区和非加密区区段。

感悟思考

通过练习，使学生认识到，要想快速完成任务，必须把基本功练扎实，并且熟悉相关图籍、规范。

不怕困难，勇于探索

本任务学习了结构柱及内部钢筋的创建，我们一步步地将整个建筑物用 Revit 软件、BIM 技术建造出来，让整个结构模型达到可视化，虽然在创建每个构件和每根钢筋的时候可能会遇到困难，但是只要大家团结协作，共同努力一定会解决，这就需要同学们向哈飞建安公司 BIM 中心负责人韩宇学习。

韩宇及其同事从入门 BIM，到接触第一个应用 BIM 技术的项目，虽然过程很苦很累，但他们从未放弃，最初他们仅有 3 个人就成立了 BIM 中心，分别负责建筑、机电和造价三个方向，然后韩宇带领团队探索 BIM 之路，一点点尝试，慢慢摸索，在问题中成长，带领团队集智攻关、团结协作，敢为人先，至今，哈飞建安公司 BIM 中心已经承接了很多 BIM 项目，涵盖多个种类，回看过去的 BIM 之路，不再是建个模、碰个撞、渲染一段小视频这么简单了，他们在探索怎样利用 BIM 建立适合公司的标准化项目管理流程，通过项目精细化管理提高管理效率，进而不断地总结和完善相应的 BIM 制度及细则。

韩宇这种不怕困难、吃苦耐劳和勇于探索的精神品质值得我们学习。

 成果巩固

选择题

1. 以下不属于在"属性"面板中结构柱所调整参数的是（　　）。
   A. 底部标高　　　　　　　　　B. 底部偏移
   C. 顶部标高　　　　　　　　　D. 宽度

2. 创建结构柱，选项栏设置为 F1，高度设置为未连接，输入"2500"，创建该结构柱之后，"属性"面板显示（　　）。
   A. 底部标高为 F1，底部偏移为 0，顶部标高为 F1，顶部偏移为 2500
   B. 底部标高为 F1，底部偏移为 –2500，顶部标高为 F1，顶部偏移为 0
   C. 底部标高为 F1，底部偏移为 2500，顶部标高为 F1，顶部偏移为 5000
   D. 底部标高为 F1，底部偏移为 2500，顶部标高为 F1，顶部偏移为 0

3. 结构柱的底部标高为 F1，顶部标高为 F2，底部偏移为 –100，顶部偏移为 200，该结构柱的高度为（　　）。
   A. F1+F2　　　　　　　　　　B. F1+300
   C. F2+200　　　　　　　　　 D. F2–F1+300

4. 按（　　）可以翻转结构柱的放置方向。
   A. Space　　　　　　　　　　B. Shift
   C. Ctrl　　　　　　　　　　 D. 鼠标左键

5. 圆柱内环形排布的多根纵筋可以通过（　　）命令生成。
   A. 复制　　　　　　　　　　　B. 复制、粘贴
   C. 环形阵列　　　　　　　　　D. 偏移

联考拓展

一、选择题

1.【2022 年 BIM 工程师考试试题】在 Revit 中创建结构柱时，若遇到"所创建的图元在视图楼层平面：标高 1 中不可见"的问题，通常是因为（　　）。

A. 视图范围设置不正确

B. 柱子类型未选择

C. 柱子材质未指定

D. 顶部标高未设置

2.【2021年BIM工程师考试试题】BIM的用途决定了BIM模型细节的精度，同时，仅靠BIM工具并不能完成所有工作，所以目前业内主要采用（　　）BIM模型的方法。

A. 分布式　　　　　　　　　B. 统一式

C. 协调式　　　　　　　　　D. 时效式

3.【2021年BIM工程师考试试题】想要结构柱仅在平面视图中表面涂黑，需要更改柱子材质里（　　）。

A. 表面填充图案　　　　　　B. 着色

C. 截面填充图案　　　　　　D. 粗略比例填充样式

4.【2020年第一期"1+X"职业技能初级考试】下列有关在Revit中创建柱的说法中正确的是（　　）。【多选】

A. 只能创建直柱，不能创建斜柱

B. 在轴网处可以成批创建直柱

C. 柱在放置时可以标记

D. 无法在建筑柱内部创建结构柱

E. 无法修改柱的材质

5.【2020年第二期"1+X"职业技能初级考试】以下属于斜结构柱底部截面样式构造的有（　　）。【多选】

A. 垂直于轴线　　　　　　　B. 水平于轴线

C. 水平　　　　　　　　　　D. 竖直

E. 平行于轴线

二、绘图题（图学学会BIM技能等级考试试题二级结构专业第八期第三题）

根据给出的投影图和配筋图，创建牛腿柱模型，模型应包含混凝土材质信息和钢筋信息，其中箍筋间距为100mm，直径为8mm，强度为HRB335，其他纵筋和弯起筋的直径为14mm，强度为HRB400。（扫描二维码查看图纸）

绘图题资源

答案

成果巩固

题号	1	2	3	4	5
选项	D	A	D	A	C

联考拓展

题号	1	2	3	4	5
选项	A	A	C	BC	ACD

任务 16　创建结构梁及钢筋

 学习目标

独立掌握教学楼结构施工图的框架梁和钢筋的识图方法，以及 Revit 中结构梁及钢筋的绘制方法。

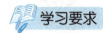 学习要求

知识要求：
1. 掌握教学楼框架梁及钢筋的识图方法。
2. 掌握 Revit 中结构梁的绘制方法。
3. 掌握 Revit 中结构梁中不同类型钢筋的绘制方法。

能力要求：
1. 能够根据图纸信息正确创建和编辑修改不同框架梁的属性参数。
2. 能够通过剖面创建和修改梁内钢筋模型。

进阶要求：
1. 独立进行箍筋、纵筋、腰筋等不同属性钢筋的编辑修改。
2. 能够举一反三进行变截面梁及内部钢筋的创建。

任务准备

1. 框架梁识图

由结构平面布置图可知，梁材质均为混凝土矩形梁，梁有七种尺寸截面，因未配筋，故梁按尺寸截面进行编号命名，梁信息见表 3-3。

结构梁识读

表 3-3　梁明细表

梁类型	参照标高	个数总计
200×350	4.150（结构）	12
	8.350（结构）	12
	12.550（结构）	12
	16.750（结构）	12
	21.000（结构）	4
250×700	4.150（结构）	31
	8.350（结构）	31
	12.550（结构）	31
	16.750（结构）	24
	21.000（结构）	24

续表

梁类型	参照标高	个数总计
250×850	4.150（结构）	33
	8.350（结构）	29
	12.550（结构）	33
	16.750（结构）	26
	21.000（结构）	10
350×850	4.150（结构）	11
	8.350（结构）	11
	12.550（结构）	11
	16.750（结构）	10
	21.000（结构）	8
350×900	21.000（结构）	12
600×700	12.550（结构）	2
600×800	4.150（结构）	2
	8.350（结构）	1

2. 梁钢筋信息设定

KL1位于标高4.150处⑦轴线交Ⓐ、Ⓑ、Ⓒ、Ⓓ轴线处，以KL1为例进行配筋识读。已知框架梁的保护层厚度为25mm，集中标注信息：框架梁KL1三跨，梁截面尺寸为250mm×700mm，配筋分箍筋及纵筋。箍筋是直径为8mm的HRB400级钢筋，加密区间距为100mm（两边跨加密区经计算为1050mm，中间跨全长加密），非加密区间距为200mm，双肢箍。纵筋是上部通长纵筋为2根直径22mm的HRB400级钢筋，下部通长纵筋为3根直径22mm的HRB400级钢筋，腰筋（侧面构造钢筋）为4根直径12mm的HPB300级钢筋，如图3-74所示。

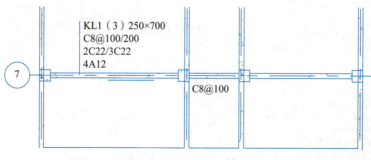

图3-74 KL1梁配筋图

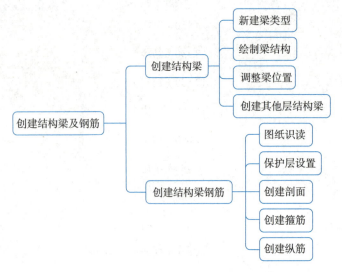

1. 创建结构梁

1）新建梁类型

选择"结构"→"梁"命令，在"属性"面板中单击下拉按钮，选择任意一种"混凝土 - 矩形梁"，单击"编辑类型"按钮，在弹出的"类型属性"对话框中单击"复制"按钮，并将其重命名为"250×700"，单击"确定"按钮，修改尺寸标注 b 为 250，h 为 700mm，单击"确定"按钮，如图 3-75 所示。

创建一层
结构梁

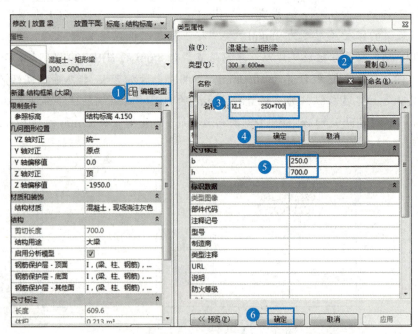

图 3-75 新建类型

★说明：在"属性"面板和选项栏中，可按梁的传力路径将其定义为主梁及次梁，可以根据梁的标签决定要不要显示，梁能不能在3D条件下被捕捉，以及能不能首尾自动约束等。同理，继续复制新建混凝土矩形梁类型，如图3-76所示。

2）绘制结构梁

下面以⑦轴线250×700梁为例介绍创建步骤，双击"项目浏览器"→"结构平面"→"4.150（结构）"，打开4.150结构平面视图，选择"结构"→"梁"命令，在"属性"面板中单击选中250×700梁类型，在选项栏中确认放置平面为结构标高4.150处。在绘图区域中梁的起始位置⑦轴与Ⓐ轴的交点处单击鼠标，然后移动鼠标至⑦轴与Ⓓ轴的交点处，再次单击，该梁创建完成，其三维效果如图3-77所示。

图3-76 新建梁类型

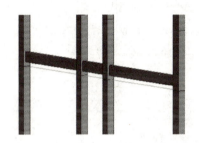

图3-77 ⑦轴线框架梁250X700的绘制效果

4.150结构平面，其他结构梁和上述梁创建方法相同。且A、B座梁通过镜像即可得到。4.150结构层全部结构梁创建完成后的三维效果如图3-78所示。

3）调整梁位置

（1）链接CAD。4.150层梁需要按图纸进行偏移，选择"插入"选项卡下"链接"面板中的"链接CAD"命令，在链接CAD格式对话框中选择"4.150层平面布置图"，设置仅当前视图及毫米为导入单位，单击打开将CAD图纸，链接进Revit。

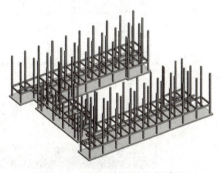

图3-78 一层结构梁绘制效果

（2）偏移梁位置。输入AL，进入偏移命令，选择图纸中某跨梁边作为要对齐参照线，再单击模型梁边与参照线对齐，即可将梁调整到正确为止，梁调整遵循外侧梁与柱外侧对齐，内侧梁居中或按图纸偏移，如图3-79所示。

4）创建其他层结构梁

教学楼由A座、B座和连廊三部分组成。从平面上看，一、二、三层结构类似，有连廊；四、五层结构类似，没有连廊。因此，可将一层结构梁复制到二、三、四、五层，再将四、五层连廊部分删除，最后根据图纸对各层结构梁进行修改，完成结构梁的创建。

创建其他层结构梁

（1）复制生成各层结构梁。双击"项目浏览器"→"结构平面"→"4.150（结构）"，打开4.150标高结构平面视图，框选该层全部结构梁模型，执行"修改"→"过滤器"命令，界面弹出"过滤器"对话框，只勾选结构框架（大梁），取消勾选其余构件，单击"确定"按钮，操作步骤可参考图3-80。

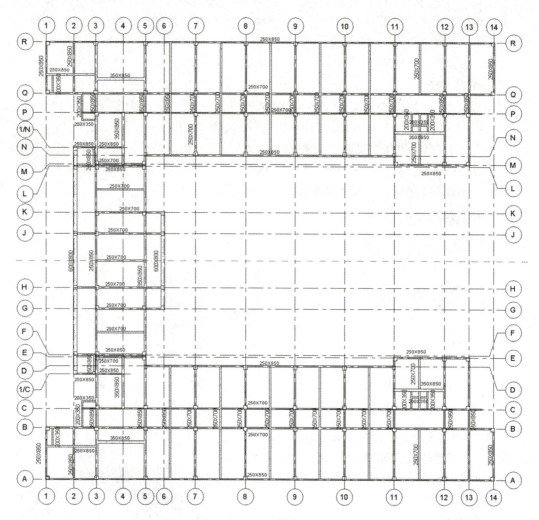

图 3-79　4.150 梁平面布置图

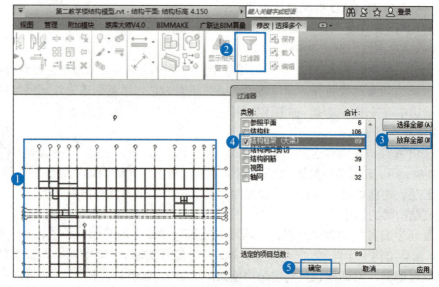

图 3-80　选择所有梁

执行"剪贴板"→"复制"命令，再执行"剪贴板"→"粘贴"→"与选定的视图对齐"命令，界面弹出"选择视图"对话框，选择其余4层，如图3-81所示，单击"确定"按钮，完成复制。

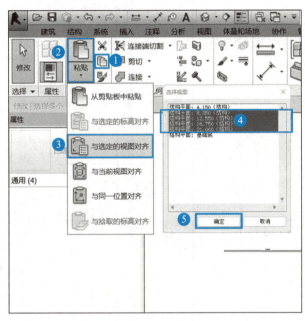

图3-81　复制视图

（2）各层结构梁的调整。

① 8.350（结构）层结构梁的调整。识读8.350结构平面布置图可知，框选连廊部分的结构梁（图3-82黑色框内），需要将此处的梁删除。

双击"项目浏览器"→"结构平面"→"8.350（结构）"，打开8.350标高结构平面视图，按住Ctrl键加选需要删除的梁，按Delete键或者执行"修改"→"删除"命令删除选中的梁，如图3-83所示。

② 12.550（结构）层结构梁的调整。识读12.550结构平面布置图，将连廊600×800的梁全部选中改成600×700梁。按Ctrl键加选选中两个600×800梁，在"属性"面板中选择600×700，单击"应用"即可修改，如图3-84所示。

③ 16.750（结构）层结构梁的调整。识读16.750结构平面布置图，该层没有连廊，需要将连廊处的结构梁全部删除。框选连廊全部结构梁模型，执行"修改"→"过滤器"命令，界面弹出过滤器对话框，只勾选结构框架（其他），取消勾选其余构件，单击"确定"按钮，按Delete键或者执行"修改"→"删除"命令，删除选中的梁，如图3-85所示。

★说明：由于连廊与A、B座连接处呈交错状，在框选时会多选或少选部分结构梁，若是少选，则按住Ctrl键不放，再单击未选结构梁进行加选，若是多选，则按住Shift键不放，再单击多选结构梁取消选中，直到选中连廊所有结构梁。

④ 21.000（结构）层结构梁的调整。识读21.000结构平面布置图，同样删除连廊部分梁，且由图纸可知，所有开洞部分或楼梯部分梁发生变化，按图纸进行修改，如图3-86 A座所示（A、B座完全对称）。按同样的方法对B座结构梁进行修改。

210 | Revit 建模案例教程

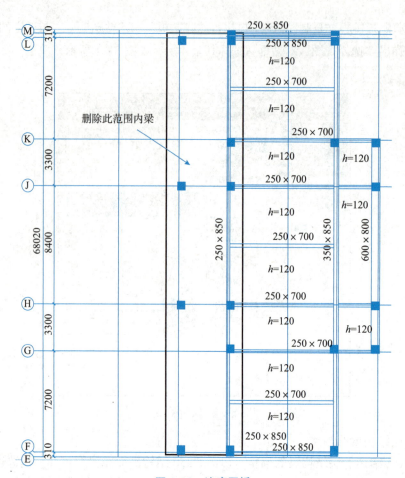

图 3-82 连廊图纸

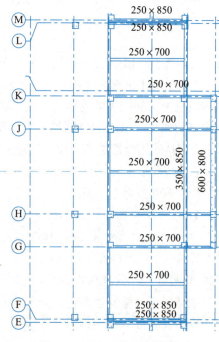

图 3-83 8.350处连廊模型

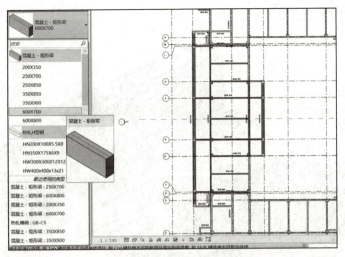

图 3-84　梁修改

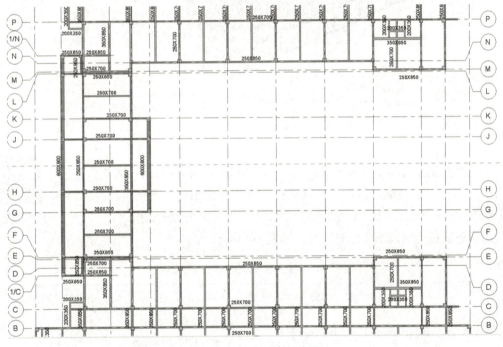

图 3-85　选中连廊部分梁

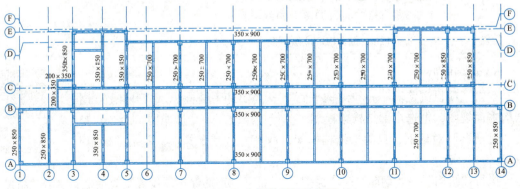

图 3-86　A 座调整后的结构梁

最终完成的三维梁图如图 3-87 所示。

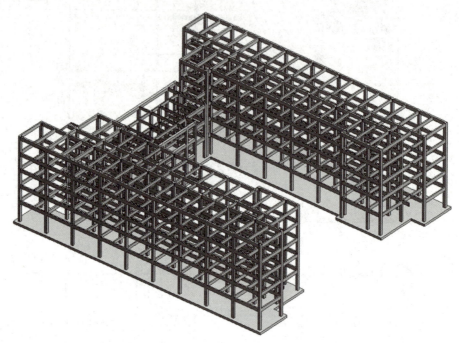

图 3-87　结构梁创建完成后三维图

2. 创建结构梁钢筋

1）图纸识读

结构梁的钢筋分为直筋和箍筋两种。由于钢筋在结构梁内部，因此，创建钢筋时，需要对结构梁进行剖切，然后在剖面上创建钢筋。下面以标高 4.150 处⑦轴线 250×700 梁 KL1 为例介绍创建和编辑结构梁钢筋的方法。

结构梁钢筋识读

由任务准备得知以下梁配筋情况，如表 3-4 所示。

表 3-4　梁配筋表

钢筋类型	配　筋	加密区	非加密区
箍筋	直径为 8mm 的 HRB400 级钢筋	间距 100mm 长度 1050mm	间距 200mm
纵筋	上部 2 根直径 22mm 的 HRB400 级钢筋 下部 3 根直径 22mm 的 HRB400 级钢筋		
腰筋	4 根直径 12mm 的 HPB300 级钢筋		

2）保护层设置

双击"项目浏览器"→"结构平面"→"4.150（结构）"，打开 4.150 层结构平面视图，框选全部结构梁模型，执行"修改"→"过滤器"命令，弹出"过滤器"对话框，只勾选结构框架，取消勾选其余构件，单击"确定"按钮。

保护层设置，创建剖面

执行"结构"→"钢筋"→"保护层"，打开"钢筋保护层设置"对话框，单击"添加"按钮，增加"梁 <25mm>"，如图 3-88 所示。

图 3-88　添加钢筋保护层参数

3）创建剖面

双击"项目浏览器"→"结构平面"→"4.150（结构）",打开 4.150 层结构平面视图，输入快捷命令 rp,或者执行"结构"→"工作平面"→"参照平面"命令，在 4.150（结构）平面图中创建参照平面，用来确定箍筋起步位置、加密区位置。

执行"视图"→"剖面"命令，创建剖面 1,如图 3-89 所示。

选中剖面 1,右击，在弹出的快捷菜单中选择"转到视图"命令，转到剖面视图，拖动剖面四周的蓝点，调整一下视图范围，如图 3-90 所示。

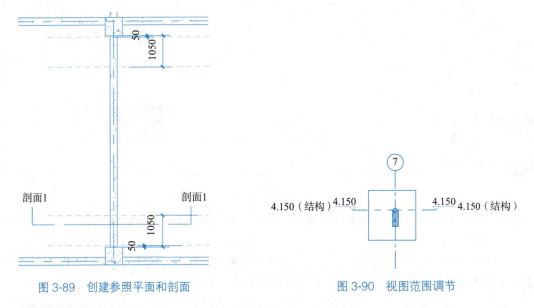

图 3-89　创建参照平面和剖面　　　　图 3-90　视图范围调节

★说明：若在操作过程中转到其他视图，可双击"项目浏览器"→"剖面"→"剖面 1", 转回剖面视图。

单击选中 KL1,在"属性"面板中，将钢筋保护层设置为"梁 <25mm>",如图 3-91 所示。

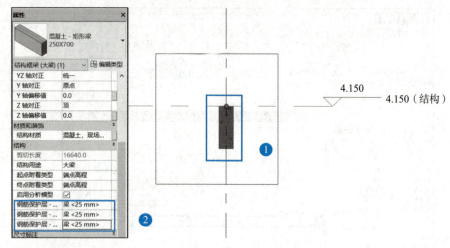

图 3-91 保护层厚度设置

4）创建箍筋

选择"结构"→"钢筋"命令，界面出现"钢筋形状浏览器"，选择"钢筋形状: 33"，在"属性"面板中选择钢筋类型"8HRB400"，设置布局规则为"最大间距"，间距为 100，选择"当前工作平面"和"平行于工作平面"命令，如图 3-92 所示。

创建梁箍筋

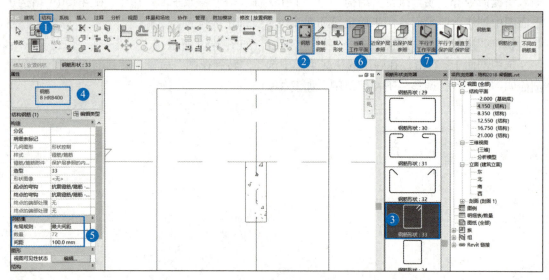

图 3-92 箍筋属性设置

然后将鼠标移至梁内，单击放置箍筋，箍筋弯钩方向任意（可按空格键改变箍筋弯钩方向），如图 3-93 所示。

选中箍筋，在"属性"面板中单击"视图可见性状态"后的"编辑"按钮，界面弹出"钢筋图元视图可见性状态"对话框，将三维视图行的两项均勾选，如图 3-94 所示。

双击"项目浏览器"→"结构平面"→"4.150（结构）"，打开 4.150 层结构平面视图，将状态栏中的详细程度设置为"精细"，视觉样式设置为"线框"，以便于观察钢筋的位置，如图 3-95 所示。

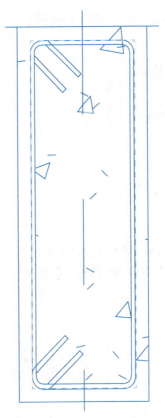

图 3-93 箍筋放置后效果

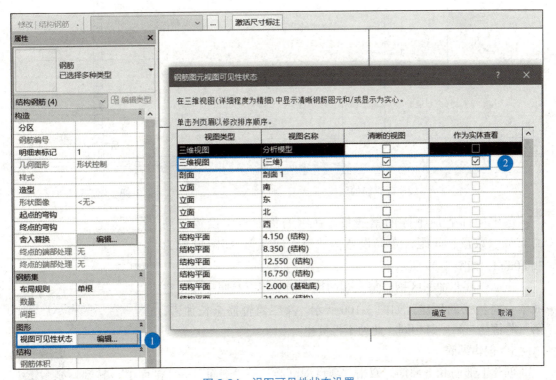

图 3-94 视图可见性状态设置

选中箍筋钢筋集，两端出现拖动柄，如图 3-96 所示。

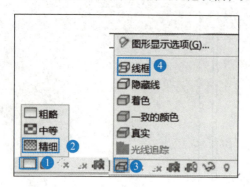

图 3-95　状态栏参数设置

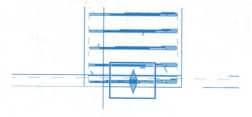

图 3-96　箍筋拖动柄

拖动钢筋集上下两端的拖动柄，与下部加密区的两个参照平面对齐，如图 3-97 所示。

以第一跨为例，选中下部加密区的钢筋集，将其复制到另一端加密区和非加密区，如图 3-98 所示。

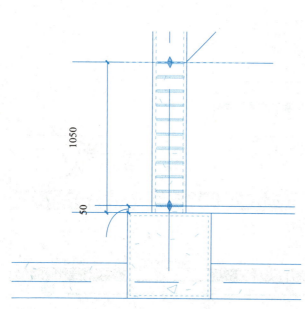

图 3-97　加密区钢筋的创建

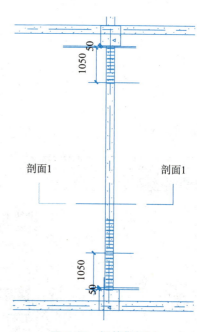

图 3-98　钢筋集复制

选中中部非加密区的钢筋集，在钢筋集面板中设置箍筋的布局、数量、间距，布局设置为"最大间距"，间距设置为 200.0mm，如图 3-99 所示。

拖动中部非加密区钢筋集上端的拖动柄至相应参照平面，完成第一跨箍筋的创建，如图 3-100 所示。第二跨箍筋全长加密，第三跨箍筋与第一跨相同，此处不再赘述。

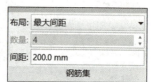

图 3-99　非加密区钢筋间距设置

5）创建纵筋

创建上部筋和下部筋。双击"项目浏览器"→"剖面"→"剖面 1"，转到 KL1 剖面视图，选择"结构"→"钢筋"命令，出现"钢筋形状浏览器"，选择"钢

创建梁纵筋

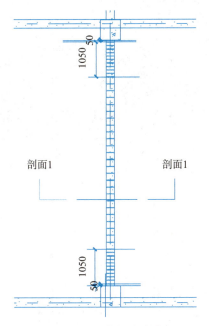

图 3-100 箍筋创建的结果

筋形状：05"，在"属性"面板中选择"22 HRB400"，布局规则为单根，放置平面设置为"当前工作平面"，钢筋放置方向设置为"垂直于保护层"，如图 3-101 所示。

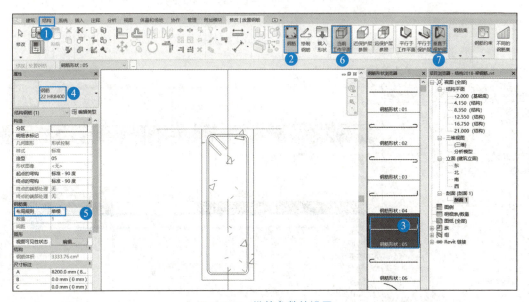

图 3-101 纵筋参数的设置

按图纸所示位置单击，生成纵筋，如图 3-102 所示。

按同样的方法创建侧面纵筋，选中所有纵筋，在"属性"面板中单击"视图可见性状态"后的"编辑"按钮，界面弹出"钢筋图元视图可见性状态"对话框，将三维视图行的两项均勾选，如图 3-103 所示。

双击"项目浏览器"→"三维视图"→"{三维}"，打开三维视图，将状态栏中的精细程度设置为"精细"，视觉样式设置为"真实"，显示创建的钢筋模型，如图 3-104 所示。

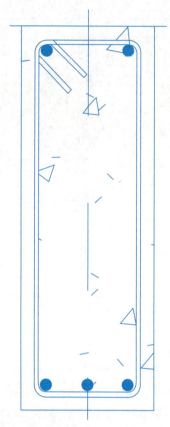

图 3-102 创建 KL1 纵筋

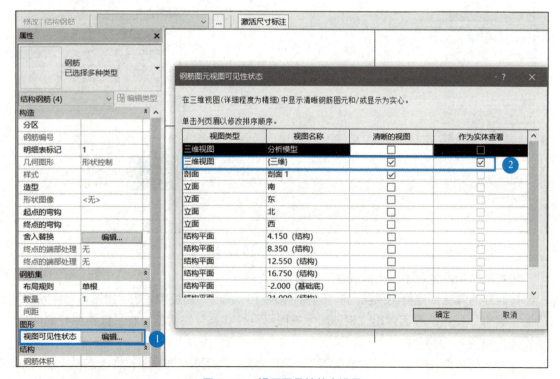

图 3-103 视图可见性状态设置

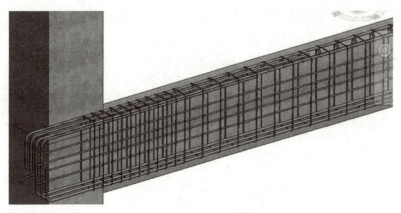

图 3-104　KL1 钢筋模型

1. 结构梁实例属性参数的调整。

单击创建的结构梁,在"属性"面板中调整结构梁的"起点标高偏移""终点标高偏移""Z 轴偏移值""结构材质"等,如图 3-105 所示。

图 3-105　结构梁实例属性参数调整

2. 结构梁内的纵筋弯钩长度的设置。

选中绘制的钢筋,单击"属性"面板中终点的编辑类型,打开"类型属性"对话框,单击弯钩长度后的"编辑"按钮,打开"钢筋弯钩长度"对话框,可以在钢筋弯钩类型中选择不同的弯钩类型,以及填写弯钩长度,如图 3-106 所示。

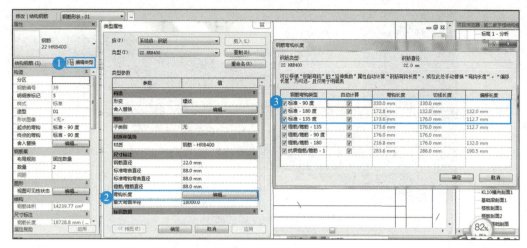

图 3-106　结构梁内的纵筋弯钩长度的设置

3. 钢筋加密区和非加密区位置的划分方式。

由于结构梁内箍筋布置分为加密区和非加密区，可采用在梁的平面或立面图中创建参照平面的方式区分钢筋加密区和非加密区区段。

4. 构件太多，无法更好地布置钢筋。

将要布置钢筋的结构梁采用隔离图元的方式，将结构梁隔离出来单独布置钢筋。

通过练习，使学生明白熟能生巧的道理，持续不断地坚持、锤炼非常重要。

做专业自信、严谨细致的工匠人

本任务介绍了结构梁及内部钢筋的绘制方法，大家发现从识读到创建结构梁及钢筋，修改结构梁的属性参数，创建梁内不同类型钢筋的要求都非常细致。建筑专业的学生应该扎实学好自己的专业知识，遵守国家法律、规范及标准，正确识读图纸信息，同时应该提前做好计算，包括锚固长度、加密区段等，保证在创建模型的时候严格按照钢筋数据绘制钢筋，不能嫌麻烦就草草了事，应该养成严谨细致、精益求精的工作态度，才能保证创建出来的模型真实可靠。

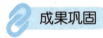

选择题

1. 如图 3-107 所示，以下哪项构件信息与图示相符？（　　）

　　A. 梁宽 300mm，梁高 850mm，梁顶标高 4.300m

　　B. 梁宽 850mm，梁高 300mm，梁顶标高 4.300m

　　C. 梁宽 300mm，梁高 850mm，梁顶标高 4.290m

　　D. 梁宽 850mm，梁高 300mm，梁顶标高 4.290m

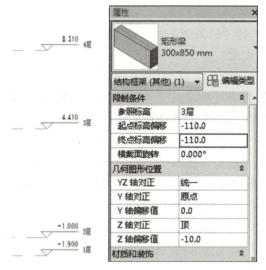

图 3-107　构件属性

2. 下列不属于在"属性"面板中调整的结构梁的参数的是（　　）。
   A. 起点标高偏移　　　　　　　　B. 终点标高偏移
   C. Z 轴偏移值　　　　　　　　　D. 尺寸

3. 以下属于快速创建结构梁的方式的是（　　）。
   A. 复制、粘贴　　　　　　　　　B. 阵列
   C. 选择"在轴网上"　　　　　　D. 以上都是

4. 以下不属于绘制斜梁的方法的是（　　）。
   A. 选择梁，在"属性"面板中将横截面旋转角度修改为楼面与水平面夹角一致
   B. 选择梁，在绘图区域通过修改梁起始点、终点的值
   C. 在平面视图下绘制斜向的梁
   D. 选择梁，在"属性"面板中修改梁的起点偏移和终点偏移

5. 平铺视图窗口的命令为（　　）。
   A. mv　　　　　　　　　　　　　B. wa
   C. vv　　　　　　　　　　　　　D. wt

联考拓展

一、选择题

1.【2019 年第一期"1+X"职业技能初级考试】在 2F（2F 标高为 4000mm）平面图中，创建 600mm 高的结构梁，将梁的"属性"面板中的 Z 轴对正设置为底，将 Z 轴偏移设置为 –200mm，那么该结构梁的顶标高为（　　）。
   A. 4600mm　　　　　　　　　　　B. 3400mm
   C. 4400mm　　　　　　　　　　　D. 4800mm

2.【2019 年第二期"1+X"职业技能初级考试】在 Revit 软件中，绘制梁沿 Z 轴对正的方式中不包括（　　）。
   A. 原点　　　　　　　　　　　　B. 中心线

C. 起点　　　　　　　　　　　　D. 顶

3.【2021年BIM工程师考试试题】如果要将一段梁的两端相对于标高同时偏移相同的距离，可以通过（　　）实现。

A. 设置终点标高偏移量　　　　　B. 设置起点标高偏移量
C. 设置Z轴偏移值　　　　　　　D. 设置Y轴偏移值

4.【2022年BIM工程师考试试题】以矩形截面型钢结构框架梁为例进行面分法分类时，可按（　　）的顺序进行。

A. 框架、剪力墙、筒体　　　　　B. 长度、宽度、厚度
C. 功能、材质、形状　　　　　　D. 混凝土结构、钢结构、砌体结构

5. Revit视图"属性"面板中的"规程"参数中包含的类型有（　　）。【多选】

A. 建筑　　　　　　　　　　　　B. 结构
C. 电气　　　　　　　　　　　　D. 暖通
E. 给排水

二、绘图题（图学学会BIM技能等级考试试题二级结构专业第十期第一题）

根据混凝土梁平法标注，建立混凝土梁模型，混凝土强度等级取C35，梁两端900mm长度内为箍筋加密区，请将模型以"混凝土梁.×××"为文件保存。（扫描二维码查看图纸）

绘图题资源

答案

成果巩固

题号	1	2	3	4	5
选项	C	D	D	C	D

联考拓展

题号	1	2	3	4	5
选项	C	C	C	C	ABC

任务17　创建结构楼板及钢筋

 学习目标

独立掌握教学楼结构施工图的结构楼板及钢筋的识图方法，掌握Revit中结构楼板及钢筋的创建方法。

 学习要求

知识要求：

1. 掌握教学楼结构楼板及钢筋的识图方法。
2. 掌握Revit中结构楼板的创建方法。
3. 掌握Revit中结构楼板中不同类型钢筋的创建方法。

能力要求：
1. 能够根据图纸信息正确创建和编辑修改不同结构楼板的属性参数。
2. 能够通过剖面创建和修改楼板内钢筋模型。

进阶要求：
1. 独立编辑修改楼板底部钢筋、支座负筋等不同属性的钢筋。
2. 能够举一反三创建折板及内部的钢筋。

结构楼板及
钢筋识读

任务准备

结构楼板及钢筋信息识读

1. 整体楼板识读

通过识读板平面布置图可得，板厚均为120mm。

2. 板底钢筋

以③~⑤与Ⓗ~Ⓖ轴线之间的左侧楼板创建为例，楼板保护层厚度15mm，楼板底部X方向和Y方向均配置的是直径为8mm的HRB400级钢筋，间距150mm，钢筋起步距离75mm。

3. 板顶钢筋

楼板顶部四边配置支座负筋，支座负筋采用直径为8mm的HRB400级钢筋，间距200mm，向左、右侧跨内均伸入1100mm。支座负筋跨内弯钩长度为90mm（板厚$h-2×15$），钢筋布置时起步距离为100mm。

任务导图

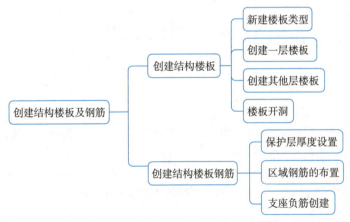

任务实施

1. 创建结构楼板

1）新建楼板类型

通过识读图纸可知，本层楼板板顶标高为4.150，板厚120mm。

双击"项目浏览器"→"结构平面"→"4.150（结构）"，打开结构标高4.150

创建一层
结构楼板

平面视图，选择"结构"→"楼板"→"楼板：结构"命令，如图 3-108 所示。

图 3-108　选择结构楼板

在"属性"面板中单击"编辑类型"按钮，在界面弹出的"类型属性"对话框中复制并将其重命名为"LB-120mm"，在"类型属性"对话框的"类型参数"选项区域中单击"结构"后面的"编辑"按钮，如图 3-109 所示。

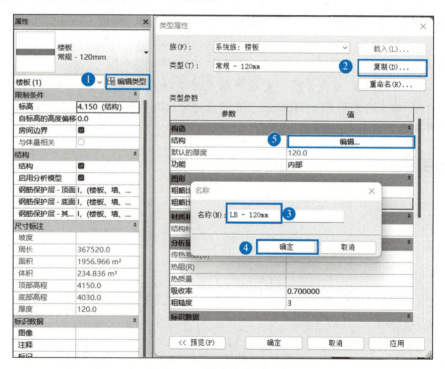

图 3-109　创建楼板类型属性

界面弹出"编辑部件"对话框，修改其厚度为 120，单击材质后面的按钮，将材质设置为"混凝土，现场浇注 -C30"，然后单击"确定"按钮，如图 3-110 所示。

2）创建一层楼板

在"修改|创建楼层边界"选项卡中选择"边界线"→"直线"命令，如图 3-111 所示。

按图纸绘制 A 座楼板边界线，如图 3-112 所示。

边界线绘制完成后，选择"完成编辑模式"命令，如图 3-113 所示。

重复执行以上步骤，创建连廊的楼板。

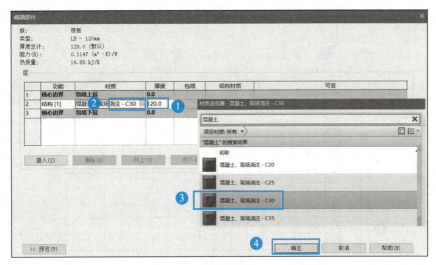

图 3-110　修改楼板材质

图 3-111　创建楼板边界线

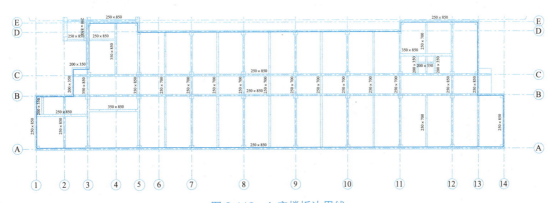

图 3-112　A 座楼板边界线

图 3-113　完成编辑模式

B 座楼板与 A 座对称，可用镜像的方式创建。选中 A 座楼板，输入快捷命令 mm，或者执行"修改"→"镜像 - 拾取轴"命令，单击Ⓗ轴和Ⓙ轴之间的中心参照平面，完成楼板的镜像复制，如图 3-114 所示。

3）创建其他层楼板

其他层楼板与 4.150 层楼板类似，可采用楼层间复制后再局部修改的方法进行创建。

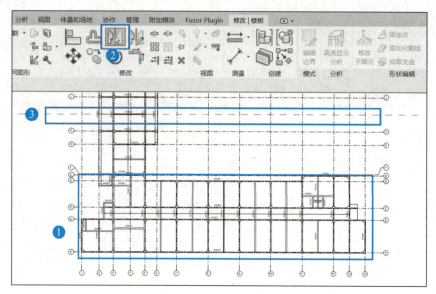

图 3-114 镜像复制楼板

双击"项目浏览器"→"结构平面"→"4.150（结构）"，打开 4.150（结构）层平面视图，按住 Ctrl 键，单击楼板边缘，选中 A 座、连廊、B 座三块楼板，执行"剪贴板"→"复制"命令，再执行"剪贴板"→"粘贴"命令，出现"选择标高"对话框，选择其余 4 层，如图 3-115 所示，单击"确定"按钮，完成复制。

创建其他层结构楼板

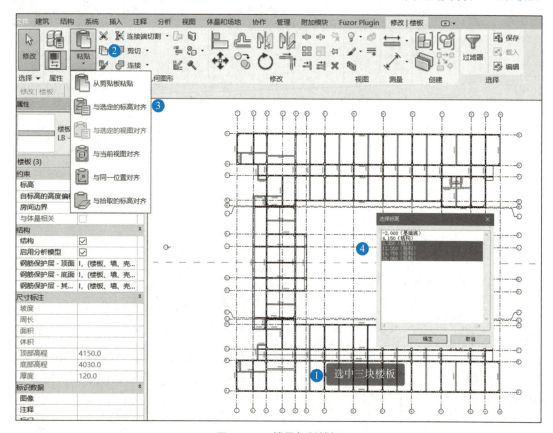

图 3-115 楼层复制楼板

通过识读结构平面图可知，8.350层连廊部分②轴、③轴、1/C轴、1/N轴所围成的区域没有楼板，双击"项目浏览器"→"结构平面"→"8.350（结构）"，打开8.350（结构）层平面视图，选中连廊处的楼板，执行"编辑边界"命令，打开草图模式，如图3-116所示。

图3-116　编辑楼板

删除图中1、2、3、4、5处所示轮廓线，绘制6处所示轮廓线，完成后退出，如图3-117所示。

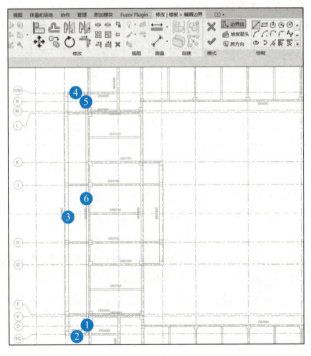

图3-117　删除楼板边界线

双击"项目浏览器"→"三维视图"→"{三维}",打开完成后的楼板三维模型,按住 Ctrl 键,选中 16.750 层和 21.000 层连廊处的楼板,按 Delete 键或者执行"修改"→"删除"命令删除两块楼板,即完成所有楼板的创建,结果如图 3-118 所示。

图 3-118　完成楼板后三维图

4)楼板开洞

通过识读结构平面图纸可知,4.150 层、8.350 层、12.550 层、16.750 层的楼梯间、卫生间管道井部分没有楼板,需要进行开洞,打开任意一个结构平面视图,执行"结构"→"洞口"→"竖井"命令,进入竖井编辑界面,如图 3-119 所示。

楼板开洞

图 3-119　选择编辑界面竖井命令

将竖井属性底部约束设置为 4.150(结构),底部偏移为 -300(大于楼板厚度即可),顶部约束为 16.750(结构),顶部偏移为 200(高出楼板顶即可)。边界线采用矩形工具绘制,轮廓线如图 3-120 所示,完成后,单击绿色对钩保存退出。

此处为卫生间管道井的竖井,其他位置的竖井可以跟此处竖井一起绘制轮廓线,最后单击绿色对钩保存退出,也可以一处一处地创建。

★说明:楼梯间和卫生间管道井的洞口也可以通过执行"编辑边界"命令来完成,打开草图模式后,将需要开洞的位置用轮廓线绘制出来,在楼板轮廓线内部出现的轮廓线,系统将视为没有楼板,但需要逐层进行,其优点是开洞位置比较灵活。对于贯通多层的洞口,用竖井命令更快捷。

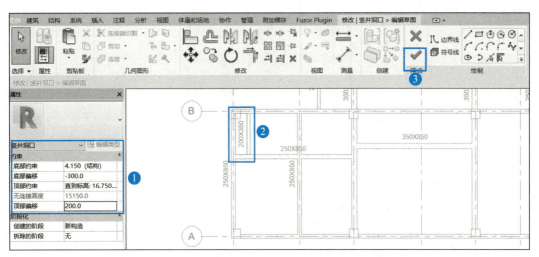

图 3-120　竖井开洞

2. 创建结构楼板钢筋

下面以结构标高 4.150 楼层③~⑤与Ⓗ~Ⓖ轴线之间的左侧楼板为例介绍钢筋的创建。

1）保护层厚度设置

执行"结构"→"钢筋"→"保护层"命令,打开"钢筋保护层设置"对话框,单击"添加"按钮,增加"板 <15mm>",如图 3-121 所示。

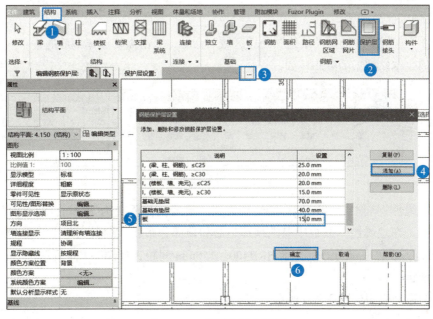

图 3-121　楼板保护层设置

双击"项目浏览器"→"结构平面"→"4.150（结构）",打开 4.150 层结构平面视图,框选全部结构板模型,执行"修改"→"过滤器"命令,弹出"过滤器"对话框,只勾选结构板,取消勾选其余构件,单击"确定"按钮,操作步骤可参考前图。在"属性"面板中将板的钢筋保护层设置为"板 <15mm>",如图 3-122 所示。

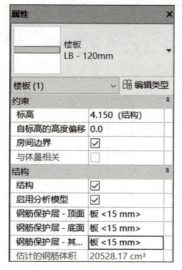

图 3-122 区域钢筋布置

> **感悟思考**
>
> 学生在建筑的设计与管理中应充分体现节约与绿色的设计思想,掌握绿色建筑模拟分析与优化设计的理论及方法,树立可持续发展的价值观。

2)区域钢筋的布置

如图 3-123 所示,选择"结构"→"区域"命令,单击需要创建钢筋的楼板,进入创建钢筋模型的编辑模式。

创建区域钢筋

图 3-123 创建区域钢筋命令

选择"线性钢筋"→"矩形"的绘制方式,设置偏移距离为 75mm,沿梁内侧绘制矩形钢筋边界,在"属性"面板中取消顶部主筋和顶部分布筋,设置底部主筋为 8 HRB400、150mm 间距,设置底部分布筋为 8 HRB400、150mm 间距,如图 3-124 所示,单击 ✓ 按钮完成钢筋创建。

创建的钢筋模型如图 3-125 所示。

3)支座负筋创建

双击"项目浏览器"→"结构平面"→"4.150(结构)",切换到 4.150 标高结构平面视图下。为了便于定位,创建若干参照平面,包括钢筋起步距离、支座负筋伸入跨内长度等,输入快捷命令 rp,或者选择"结构"→"工作平面"→"参照平面"命令,进入创建参照平面界面,采用拾取线的方式,设置偏移距离为 100mm 和 1100mm,分别创建起步距离参照平面和支座负筋长度参照平面,如图 3-126 所示。

创建支座负筋

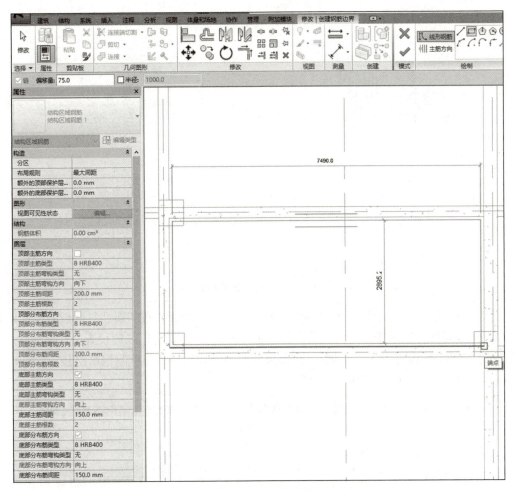

图 3-124 钢筋边界绘制方式

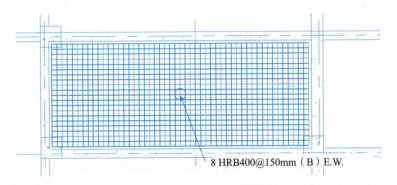

图 3-125 板底钢筋模型

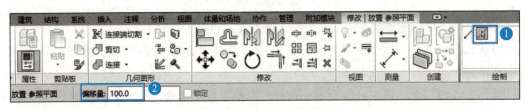

图 3-126 参照平面拾取偏移

各参照平面及位置如图 3-127 所示。

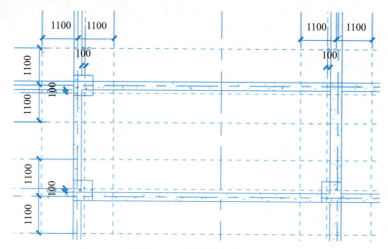

图 3-127　绘制参照平面

单击"结构"→"钢筋"→"路径",单击需配筋的楼板,在"属性"面板中设置相关参数,钢筋间距设置为 200mm,主筋类型设置为 8 HRB400,主筋长度设置为 2200mm,主筋起点和终点弯钩设置为标准 -90°,在楼板的一边沿着参照平面绘制钢筋路径,注意绘制路径时需要顺时针绘制,如图 3-128 所示。

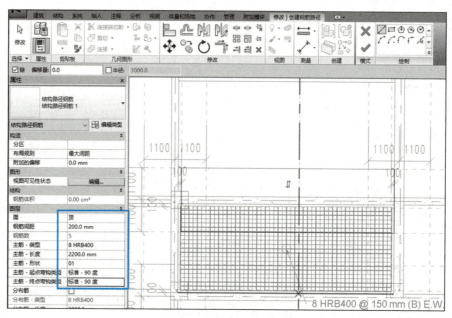

图 3-128　支座负筋参数设置

用同样的方法创建楼板其他三个边的支座负筋,如图 3-129 所示。

将状态栏中的详细程度设置为"精细",视觉样式设置为"线框",三维查看钢筋,以便于观察钢筋的位置,如图 3-130 所示。

按住 Ctrl 键加选,选中底部钢筋,选择"隐藏图元"命令,即可更清晰地观看支座负筋,如图 3-131 所示。

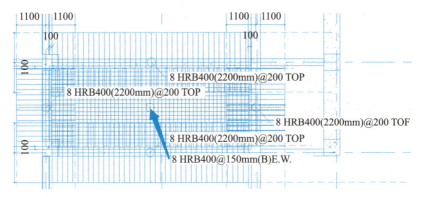

图 3-129 创建完成的支座负筋

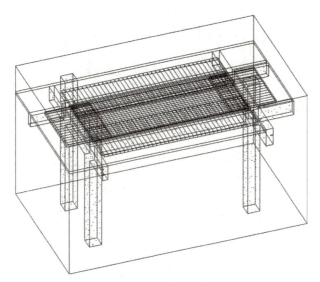

图 3-130 楼板负筋创建完成

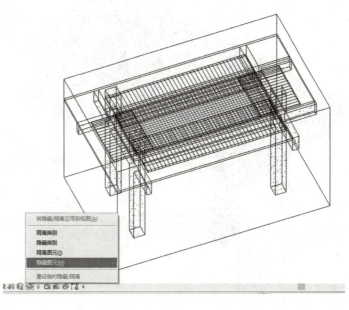

图 3-131 隐藏图元

★说明：选择"重设临时隐藏/隔离"命令即可取消隐藏。

框选构件，在过滤器中放弃全部，仅勾选结构钢筋，单击"确定"按钮。编辑钢筋属性视图可见性状态，进入"钢筋图元视图可见性状态"选项卡，勾选三维视图下"清晰的视图"和"作为实体查看"选项，单击"确定"按钮，如图3-132所示。

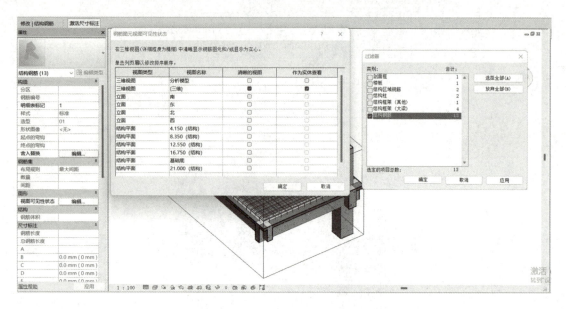

图3-132 钢筋实体查看设置

在三维视图中选择"精细"和"真实"命令，即可将钢筋作为实体进行查看，如图3-133所示。

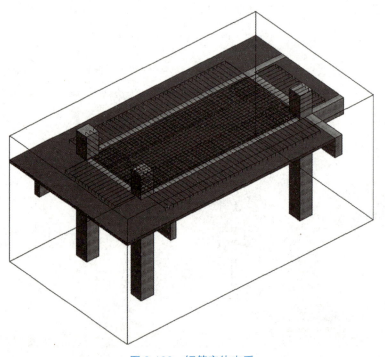

图3-133 钢筋实体查看

实操答疑

1. 结构楼板实例属性参数的调整。

选中需要修改的楼板,在"属性"面板中修改楼板"标高""自标高的偏移高度"以及"钢筋保护层",如图 3-134 所示。

图 3-134　保护层厚度设置

2. 支座负筋长度的控制方式。

通过识读,计算出支座负筋长度,创建楼板剖面,通过在剖面图创建参照平面定位支座负筋伸入跨内位置,同时通过拖曳的方式调整钢筋长度至参照平面处。

3. 构件和钢筋有太多选择时不好选中的问题。

可以采取多视图同时查看的方式打开两个视图。执行"视图"→"平铺"命令,将多个视图平铺,以便于多视图查看和选择构件。

树立责任意识、安全意识

本任务介绍了结构楼板及内部钢筋的创建方法,建筑物的每个承重构件都起着举足轻重的作用。所以,从结构设计中对荷载的考虑,混凝土钢筋的配置,到建筑物的施工每一个环节都很重要,一旦哪一个环节出现错误,就会对建筑物造成极大的安全隐患。

某制作罐头铁皮的厂房,楼板出现了严重破坏,其中,板面严重开裂,混凝土局部压碎;板底呈网格状裂缝,与钢筋位置相同。通过调查,这个厂房的楼板,设计时按 $5kN/m^2$ 考虑活荷载,但使用过程中,由于要运输 1.5t 左右一件的罐头铁皮,工厂用近 4t 的叉车,沿着某一条路线反复运行,最终使楼板破坏。在楼板破坏后,厂房业主首先追究了设计方的责任,但设计方拿出当时的图纸,上面写着按活荷载 $5kN/m^2$ 考虑,甲方只得另外寻求解决办法。在考虑荷载数值时,附加恒荷包括楼板的上下抹灰、地热、地砖、屋面保温等,一般应由甲方提供,并将甲方提供的荷载数值写在设计总说明里。如果甲方没有提供具体数字,可按规范取值,但也应写在设计总说明里。将

> 荷载数值写进设计总说明里，可以明确设计责任。如果设计有问题，设计方理应承担，但如果是因为施工或者使用上的不当，导致结构损坏，就能让设计者免责。
>
> 从以上案例可以看出，作为一名建筑专业的学生，无论以后从事哪方面的工作，都应该树立责任意识和安全意识，保障建筑物的安全。

成果巩固

选择题

1. 以下不属于楼板边界线的形式的是（   ）。
   A. 直线　　　　　B. 矩形　　　　　C. 圆形　　　　　D. 折线
2. 折板的创建是通过（   ）来实现的。
   A. 添加子图元　　B. 添加分割线　　C. 修改边界　　　D. 以上都不是
3. 150mm 厚度的楼板在"属性"面板中的标高为 F1，自标高的高度偏移为 150，则楼板的顶部标高为（   ）。
   A. F1　　　　　 B. F1-150　　　　C. F1+150　　　　D. 以上都不是
4. 楼板的限制条件有（   ）。【多选】
   A. 标高　　　　　　　　　　　　　B. 自标高的高度偏移
   C. 楼板厚度　　　　　　　　　　　D. 楼板材质
5. 在结构楼板内部区域，可以设置的钢筋为（   ）。【多选】
   A. 底部主筋　　B. 底部分布筋　　C. 顶部主筋　　　D. 顶部分布筋

联考拓展

一、选择题（"1+X" BIM 初级考试）

1. 【2021 年第二期】在平面视图中，可以给以下（   ）图元放置高程点。
   A. 墙体　　　　B. 门窗洞口　　　C. 楼板　　　　　D. 线条
2. 【2021 年第二期】楼板的厚度决定于（   ）。
   A. 楼板结构　　B. 工作平面　　　C. 构件形式　　　D. 实例参数
3. 【2021 年第七期】以下（   ）是系统族。
   A. 楼板　　　　B. 家具　　　　　C. 墙下条形基础　D. RPC
4. 【2022 年第二期】下列关于图元属性与类型属性的描述，错误的是（   ）。
   A. 修改项目中某个构件的图元属性，只会改变构件的外观和状态
   B. 修改项目中某个构件的类型属性，只会改变该构件的外观和状态
   C. 修改项目中某个构件的类型属性，会改变项目中所有该类型构件的状态
   D. 窗的尺寸标注是其类型属性，而楼板的标高就是实例属性
5. 【2022 年第二期】在 Revit 中创建不同结构混凝土图元连接时，有默认的几何剪切关系，下列描述正确的是（   ）。【多选】
   A. 梁与墙连接，主控图元为墙
   B. 梁与墙连接，主控图元为梁

C. 梁与楼板连接，主控图元为楼板

D. 梁与楼板连接，主控图元为梁

E. 梁与柱连接，主控图元为梁

二、绘图题（图学学会 BIM 技能等级考试试题二级结构专业第十一期第一题）

根据混凝土板平法标注，建立混凝土板模型，并进行配筋，混凝土强度取 C25，请将模型以"混凝土板 + 姓名"为文件名保存到文件夹中。（扫描二维码查看图纸）

绘图题资源

成果巩固

题号	1	2	3	4	5
选项	D	B	C	AB	ABCD

联考拓展

题号	1	2	3	4	5
选项	C	A	A	B	AC

模块 4　设备建模与碰撞

任务 18　建立系统项目样板

 学习目标

新建系统项目样板，并设置系统类型及视图样板。

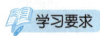 **学习要求**

知识要求：
1. 掌握教学楼给水、桥架项目样板的创建方法。
2. 掌握 Revit 链接标高轴网方法。
3. 掌握管道系统及过滤器的设置方法。

能力要求：
1. 能够创建教学楼给水、桥架项目样板。
2. 能够链接标高轴网。
3. 能够设置管道系统及桥架系统的过滤器。

进阶要求：
能够对独立项目设置项目样板。

任务准备

1. Revit 软件自带样板的识读

将 Systems-Default CHSCHS 项目样板作为基准项目样板，在此基础上进行修改。

样板识读

2. 识读图纸管道系统类型

通过识读图纸可知，教学楼给排水系统由给水管道（绿色），污水管道（黄色），消火栓管道（紫色）三个系统组成，扫描右侧二维码查看。

给水、污水和消火栓管道

3. 识读图纸电缆桥架类型

电气方面只需要绘制桥架即可，本任务只设置动力桥架。

任务导图

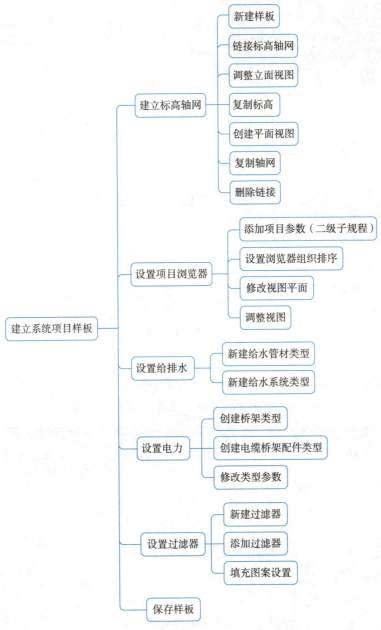

任务实施

1. 建立标高轴网

1）新建样板

软件自带样板不适合我国相关制图与设计规范，因此需要自定义给排水专业样板文件。执行"项目"→"新建"命令，在"新建项目"对话框中单击"浏览"按钮，在弹出的"选择样板"对话框中选择 China 目录下

建立标高轴网

的 Systems-DefaultCHSCHS.rte 文件，单击"打开"按钮，在"新建项目"对话框中单击"项目样板"按钮，单击"确定"按钮，进入样板界面，如图 4-1 所示。

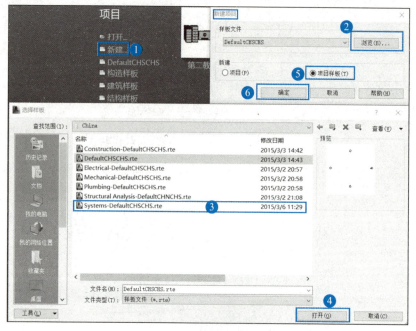

图 4-1 新建机电样板

2）链接标高轴网

选择"插入"选项卡下"链接"面板中的"链接 Revit"命令。打开"导入/链接 RVT"对话框，选择"任务 3.rvt"文件，单击"打开"按钮，如图 4-2 所示。

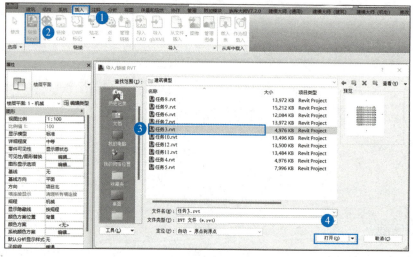

图 4-2 链接 RVT 文件

3）调整立面视图

在平面视图中分别框选 4 个立面视图符号，将立面视图放置到合适为止，保证轴网链接在 4 个立面视图范围内，如图 4-3 所示。

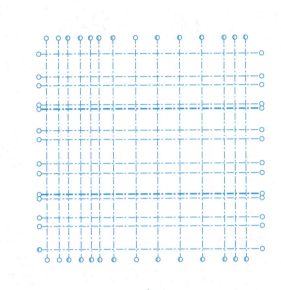

图 4-3 视图样式

★说明：链接进来的标高轴网要调整至 4 个立面符号范围内。

感悟思考

把立面符号调到合适的位置，是为了保证4个立面视图的完整性。通过学习引导学生在未来工作中，要有大局观。

4）复制标高

单击"项目浏览器"面板中的"机械"→"暖通"→"立面（建筑立面）"选项，双击"东"→"机械"选项，打开东立面视图。执行"协作"选项卡下"坐标"面板中的"复制/监视"→"选择链接"命令，选中绘图区域载入的链接图像。此时进入"复制/监视"选项卡。单击该选项卡下"工具"面板中的"复制"按钮，选项栏中勾选"多个"复选框，框选需要复制的标高，单击选项栏右侧过滤器符号，查看是否全部选中其他构件，分别单击选项栏中的"完成"按钮及"复制/监视"选项卡中的"完成"按钮，完成标高复制，如图 4-4、图 4-5 所示。删除原有的：标高一、标高二，将标高类型按建筑标高类型进行修改，与建筑标高模块方法相同，此处不再赘述。

5）创建平面视图

执行"视图"选项卡下"创建"面板中的"平面视图｜楼层平面"命令，按住 Shift 键，单击最后的"楼顶"栏即可全部选中，单击"确定"按钮即可创建机械平面视图，如图 4-6 所示。

6）复制轴网

双击项目浏览器楼层平面一层，打开一层平面视图。按同样方式链接复制轴网，并对轴线类型进行修改，完成后的轴网如图 4-7 所示。

★说明：也可通过全部选中所有楼层平面来创建平面视图。

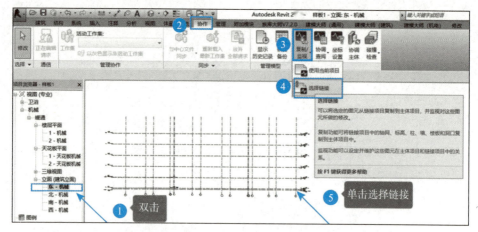

图 4-4 选择链接

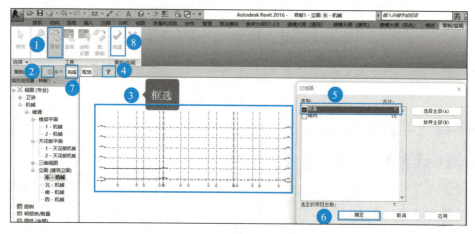

图 4-5 复制标高

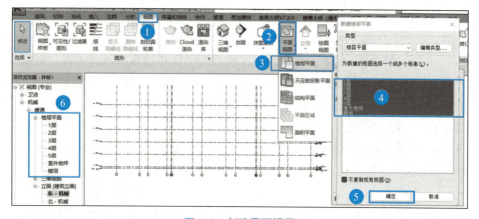

图 4-6 创建平面视图

7)删除链接

轴网标高链接完成后,执行"管理"选项卡下"管理项目"面板中的"管理链接"命令,在弹出的对话框中选择 Revit 选项卡,选择"任务 3.rvt"选项,单击"删除"按钮,再单击"确定"按钮,将链接删除,如图 4-8 所示。

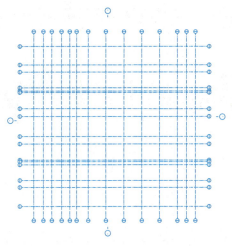

图 4-7 轴网完成效果

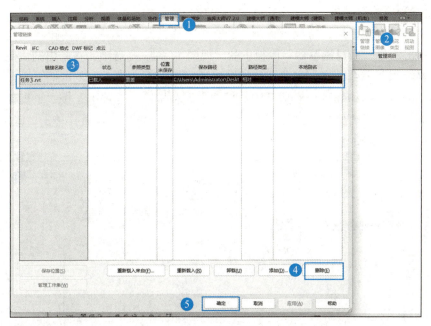

图 4-8 删除链接

2. 设置项目浏览器

针对教学楼项目,仅绘制给水管道及电缆桥架即可,因此项目浏览器中的规程顺序为卫浴→给排水→视图、电气→动力→视图,分别用于绘制给水管道及电缆桥架。

设置项目
浏览器

1) 添加项目参数(二级子规程)

执行"管理"选项卡下"设置"面板中的"项目参数"命令,在弹出的对话框中单击"添加"按钮,在"参数类型"对话框中选择"项目参数"按钮,参数数据分别输入"二级子规程(名称)""公共(规程)""文字(参数类型)""图形(参数分组方式)",在类别栏中只保留"视图"复选框,隐藏未选中类别。单击"确定"按钮,完成操作,如图 4-9 所示。

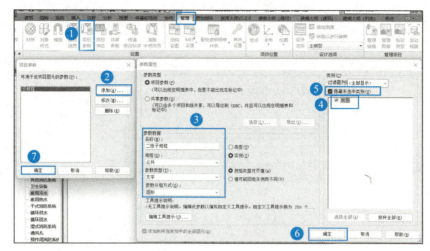

图 4-9 添加项目参数

2)设置浏览器组织排序

项目参数设置完成后,继续设置浏览器组织,通过此步骤将暖通给排水与电气专业进行区分。右击选择"项目浏览器"面板下的"视图(专业)"选项,在弹出的快捷菜单中选择"浏览器组织"命令,在"浏览器组织"对话框中选择"专业"复选框并进行编辑,在新弹出的"浏览器组织属性"对话框中选择"成组和排序"选项卡,按"子规程(成组条件)""二级子规程(否则按)""族与类型(否则按)"分别进行设置,单击"确定"按钮,完成命令操作,如图 4-10 所示。

图 4-10 设置浏览器组织

★说明:软件自带的排序方式无法满足需要,因此需要对浏览器进行设置,以满足各专业需要。

感悟思考

不同专业需要进行不同的设置。通过学习引导学生在未来工作中要具体问题具体分析。

3）修改视图平面

在"项目浏览器"面板下单击"暖通"→"楼层平面"，选中"1层"右击，将其重命名为"1层给排水"。同理，依次修改其他平面视图，如图4-11所示。

选中"1层给排水"，右击复制，选择"复制视图"→"带细节复制"命令，将复制的文件重命名为"1层动力"。同理，依次复制其他平面视图，最终楼层平面如图4-12所示。

图 4-11　给排水视图　　　　　图 4-12　复制视图

4）调整视图

在"项目浏览器"面板下单击"暖通"→"楼层平面"，按 Ctrl 键选中所有给排水楼层平面，在"属性"面板中，找到视图样板并单击右侧的"机械平面"按钮，在弹出的"应用视图样板"对话框中将名称栏改成"无"，子规程输入"卫浴"，二级子规程输入"给排水"，按 Ctrl 键选中所有动力楼层平面，在"属性"面板中找到视图样板，并单击右侧的"机械平面"按钮，在弹出的"应用视图样板"对话框中将名称栏改成"无"，子规程输入"电气"，二级子规程输入"动力"，并单击"确定"按钮，完成视图样板的修改，如图4-13所示。

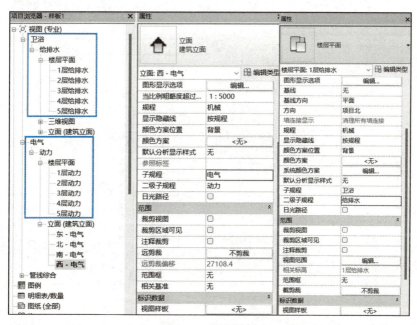

图 4-13　视图样板

3. 设置给排水

1）新建给水管材类型

执行"系统"选项卡下"卫浴和管道"面板中的"管道"命令，单击"管道类型：标准"编辑类型，打开"类型属性"对话框。复制并将其命名为"钢塑复合管"，单击"确定"按钮。打开类型参数布管系统配置进行编辑，如图 4-14 所示。

设置给排水

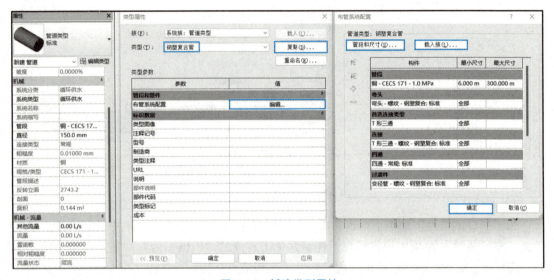

图 4-14　新建类型属性

在"布管系统配置"对话框中选择"管段和尺寸"，打开"机械设置"对话框，选择管段为钢塑复合 -CECS 125，单击"确定"按钮完成选择，如图 4-15 所示。

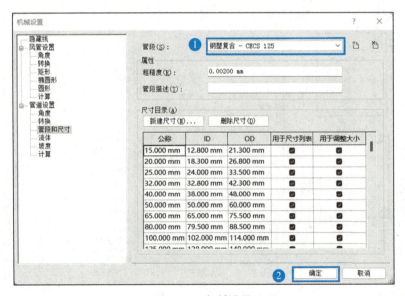

图 4-15　机械设置

在"布管系统配置"对话框中选择载入族，打开"机电 / 水管管件 /CJT137 钢塑复合 / 螺纹"文件夹，将族文件全部选中，单击"打开"按钮载入到项目中，如图 4-16 所示。

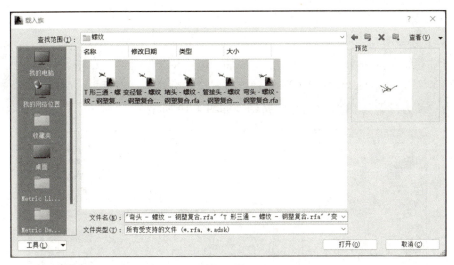

图 4-16　载入族

将载入的构件进行替换，如图 4-17 所示。

单击"确定"按钮完成给水管材类型的设置。

2）新建给水系统类型

针对教学楼项目，软件自带的管道系统无法满足全部要求，需要根据项目需求建立完善的给排水管道系统。教学楼管道比较简单，但较为全面，有给水管道、污水管道、消火栓管三种。下面以给水管为例建立管道类型。

单击"项目浏览器"面板中的"族"→"管道系统"→"管道系统"选项，右击"家用冷水"系统，在弹出的快捷菜单中执行"复制"命令，将自动生成"家用冷水 2"系统，然后将"家用冷水 2"系统重命名为"给水系统"，如图 4-18 所示。

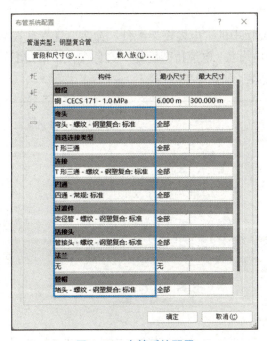

图 4-17　布管系统配置

图 4-18　生成给水管道系统

4. 设置电力

1）创建桥架类型

执行"系统"选项卡下"电气"面板中的"电缆桥架"命令，单击"带配件的电缆桥架"属性下的"编辑类型"按钮，打开"类型属性"对话框。复制并将其命名为"动力桥架"，单击"确定"按钮，如图4-19所示。

设置电力

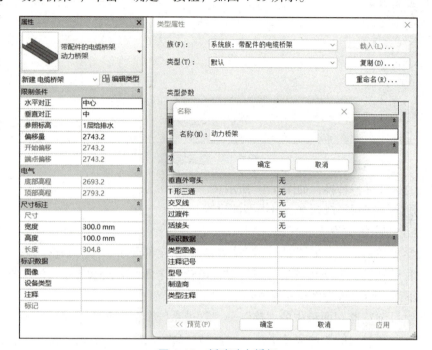

图 4-19 新建动力桥架

2）创建电缆桥架配件类型

执行"系统"选项卡下"电气"面板中的"电缆桥架配件"命令，选择现在载入电缆桥架配件族，打开"机电/供配电/配电设备/电缆桥架配件"文件夹，将槽式配件族文件全部选中，单击"打开"按钮，载入文件，如图4-20所示。

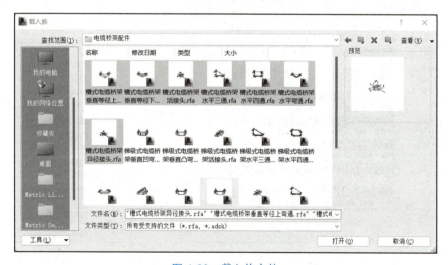

图 4-20 载入族文件

右击选择"项目浏览器"面板中的"族"→"电缆桥架配件"→"槽式电缆桥架垂直等径上弯通"下标准选项,在弹出的快捷菜单中执行"复制"命令,将其重命名为"动力"。同理,其他槽式配件也相应进行修改,最终样式如图 4-21 所示。

3)修改类型参数

执行"系统"选项卡下"电气"面板中的"电缆桥架"命令,选择"动力桥架",单击"编辑类型"按钮,打开"类型属性"对话框,将管件中所有构件进行替换,如图 4-22 所示。

图 4-21　槽式电缆桥架配件修改

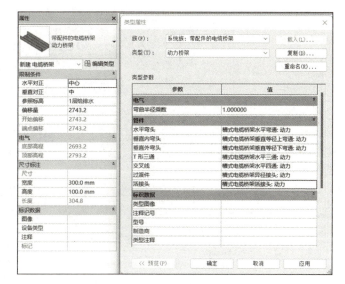

图 4-22　类型属性修改

5. 设置过滤器

本项目仅在一层绘制给水管及动力桥架,因此以给水管为例设置过滤器。

1)新建过滤器

按 VV 快捷键调出"可见性/图形替换"命令,选择"过滤器"选项卡,选中"编辑/新建"按钮,在弹出的"过滤器"对话框中单击"新建"按钮,弹出"过滤器名称"对话框,输入"给水管",单击"确定"按钮,返回"过滤器"对话框。在"过滤器"栏中选中"给水管",勾选过滤器列表中的"管件""管道""管道附件",并隐藏未选中类别,在过滤器规程列表中设置过滤条件为系统类型等于给水系统,单击"确定"按钮新建过滤器,如图 4-23 所示。

过滤器设置

2)添加过滤器

在"过滤器"选项卡下单击"添加"按钮,弹出"添加过滤器"对话框,选择已经创建的给水管道,单击"确定"按钮,完成操作,如图 4-24 所示。

3)填充图案设置

选中"给水管"所在行,在"投影/表面"栏下方将线宽设置为 1,单击"替换"按钮,弹出"填充样式图形"对话框,将管道颜色设置成绿色(给水管),"填充图案"设置成"实体填充",单击"确定"按钮,完成管道过滤器设置,如图 4-25 所示。

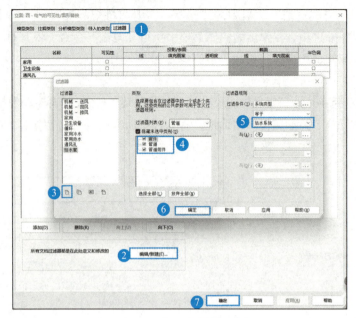

图 4-23 新建"给水管"过滤器

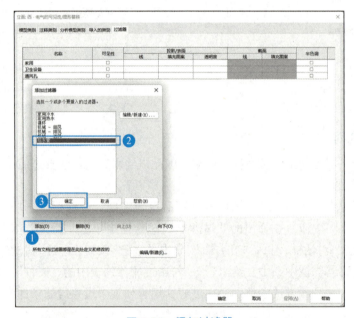

图 4-24 添加过滤器

6. 保存样板

选择"程序"→"另存为"→"样板"命令,弹出"另存为"对话框,将文件名输入"系统样板",单击"保存"按钮保存样板文件,如图 4-26 所示。

★说明:注意区分 RTE 项目样板文件与 RVT 项目文件。

> **感悟思考**
>
> 在 BIM 设计中,按步骤完成设计,有时候可以用到已建好的族,提高作图效率。通过学习,引导学生在未来工作中将准备工作做充足,就可以达到事半功倍的效果。

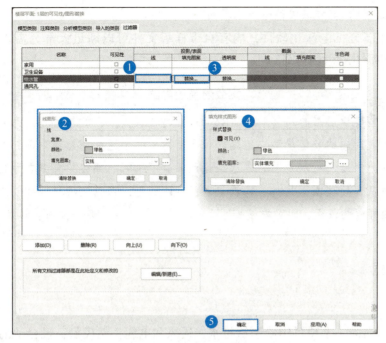

图 4-25　设置管道过滤器

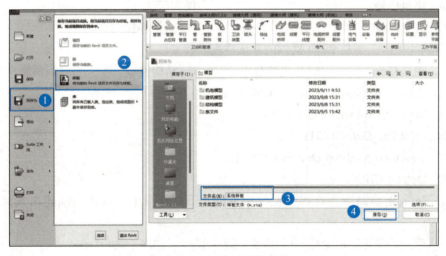

图 4-26　另存为样板文件

实操答疑

1. 如何较为全面找到所有给排水系统管道？

可以通过给排水设计说明中找到文字内容，对应图例进行颜色的区分和查找；同时，逐一审核平面图及系统图进行，就可以较为全面地找到所有系统管道。

2. 管道平面图上的缩写是什么意思？

可以通过查找图例来看平面图缩写文字的意思，如"J"指给水管道，"W"指污水管道，"XH"指消火栓管等。

3. 如何在设计机电样板文件时节省时间？

可以选择部分机电深化软件，内有自带样板文件可以满足大部分需求，如广联达 MagiCAD 机电深化设计软件等。

> **高效建模的尝试**
>
> 对于一些建模出图的人员来说，Revit 是让他们又爱又恨的东西。因为它能拥有让设计人员发现问题的技能优势，但是软件自带体系并不适应绝大部分设计人员的绘图习惯，表现出来的一点就是图面表达杂乱无章、不清晰。那么，有没有办法固化出图样式，避免反复处理图面呢？答案就是本任务的任务，完成机械样板的创建，通过过滤器和视图样板的设置，即可方便绘图人员进行清晰表达，多样化出图样式。

成果巩固

选择题

1. 若需要在同一个项目中绘制给排水、通风和电缆桥架模型，最合适的项目样板为（　　）。

   A. 建筑样板　　　　　　　　　　B. 电气样板
   C. 构造样板　　　　　　　　　　D. 系统样板

2. 下列（　　）不是 Revit 提供的默认样板。

   A. 构造样板　　B. 机电样板　　C. 结构样板　　D. 机械样板

3. 电气样板在软件默认样板文件的英文全称为（　　）。

   A. Mechanical-Default CHSCHS

   B. Electrical-Default CHSCHS

   C. Structural Analysis-Default CHNCHS

   D. Default CHSCHS

4. 在 Revit 中绘制给水排水专业样板轴网，下列选项中可以正确描述出其流程的是（　　）。

   A. 选择"建筑"命令栏 → "基准"选项卡 → "轴网"命令
   B. 选择"系统"命令栏 → "工作平面"选项卡 → "轴网"命令
   C. 选择"建筑"命令栏 → "工作平面"选项卡 → "轴网"命令
   D. 选择"系统"命令栏 → "基准"选项卡 → "轴网"命令

5. 在机械样板中，下列选项可以绘制标高的工作平面是（　　）。

   A. 楼层平面：1-机械　　　　　　B. 楼层平面：1-卫浴
   C. 天花板平面：1-天花板机械　　D. 立面：东-卫浴

联考拓展

一、选择题

1.【2022年第二期"1+X"职业技能初级考试】以下（　　）属于项目样板的设置内容。

A. 项目中构件和线的线样式线以及样式和族的颜色

B. 模型和注释构件的线宽

C. 建模构件的材质，包括图像在渲染后看起来的效果

D. 以上皆是

2.【2022 年 BIM 工程师考试试题】每个项目开始前，都要由（　　）来制订本项目的专业项目样板。

A. 土建专业 BIM 工程师

B. 业主方 BIM 负责人

C. BIM 项目经理

D. 以上均不正确

3.【2020 年第二期"1+X"职业技能初级考试】一般建立项目样板需要做的工作有确定（　　）。【多选】

A. 项目文档命名规则　　　　B. 构件命名规则

C. 族的命名规则　　　　　　D. 视图命名规则

E. 构件类型命名规则

4.【2019 年第一期"1+X"职业技能初级考试】Revit 软件机电系统颜色设置的方法有（　　）。【多选】

A. 过滤器　　　　　　　　　B. 材质

C. 图形替换　　　　　　　　D. 模型类别

E. 模型类型

5.【2022 年第三期"1+X"职业技能初级考试】实现建筑和机电专业协同功能的命令有（　　）。【多选】

A. 协同开洞　　　　　　　　B. 协同项目管理

C. 模型浏览　　　　　　　　D. 关闭基线

E. 属性检查

二、绘图题（2021 年第五期"1+X"职业技能初级考试第三题考题二）

在 Revit 中创建系统样板，按图纸要求命名风管、桥架及水管系统名称，并通过过滤器根据图表颜色设置管道颜色。最后，以"机电模型＋姓名"为文件名保存。（扫描二维码查看图纸）

绘图题资源

答案

成果巩固

题号	1	2	3	4	5
选项	D	B	B	A	D

联考拓展

题号	1	2	3	4	5
选项	D	C	ABCD	ABC	AB

任务 19　创建管道

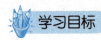 学习目标

独立掌握教学楼给水图纸识读方法，会查找标高，能载入族库，并绘制给水系统。

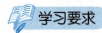 学习要求

知识要求：

1. 掌握教学楼给水图纸管道识读及标高识图方法。

2. 掌握族库载入方法。

3. 掌握用 Revit 绘制给水管的方法。

能力要求：

1. 能够识读简单的给水图纸，并进行标高查找。

2. 能够选择合适族进行载入。

3. 能够绘制给水管道，并将其连成系统。

进阶要求：

能够识读及绘制复杂给水系统图及平面图纸。

给排水图纸识读

任务准备

1. 教学楼给水图纸识读，精确管道定位，确定管径。

卫生间大样图 A 与给水系统图进行对比观察，给水管绿色颜色绘制，如图 4-27 所示。可以看出，卫生间洗脸盆进水管（1JL-5 立管分支出 F1 层支管）管道直径为 DN25mm。同理可查，卫生间小便池进水管直径为 DN20mm，卫生间蹲便器进水管直径为 DN50mm。

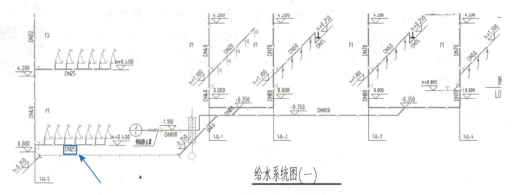

图 4-27　卫生间洗脸盆给水系统图（J/1）

2. 识别管道材质及阀门要求。

室内给水管采用钢塑复合管，丝扣连接，管径 DN 采用全铜球阀。

3. 标高。

由图 4-27 可知，标高定位为 ±0.000,4.200,8.400,12.600,16.800,21.000。

图 4-27 彩色版

任务导图

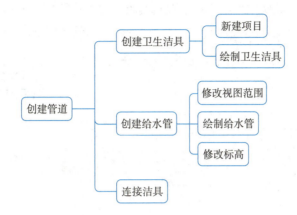

任务实施

1. 创建卫生洁具

1)新建项目

该教学楼给水系统主要由管线及洁具构成,接下来以一层卫生间大样图 A 为例进行讲解。首先新建项目,弹出"新建项目"对话框,在"样板文件"一栏右侧单击"浏览"按钮,打开"选择样板"对话框,选择之前创建好的"系统样板 .rte"文件,单击"打开"按钮,完成操作,如图 4-28 所示。

创建卫生洁具

图 4-28 新建项目

2)绘制卫生洁具

(1)绘制洗脸盆。执行"插入"→"载入族"命令,弹出"载入族"对话框,选择"机电\卫生器具\洗脸盆"目录下"洗脸盆椭圆形"RFA 族文件,单击"打开"按钮,将族载入项目中,如图 4-29 所示。由前面识图可知污水管直径 DN50,进水管直径 DN25,据此对洗脸盆族进行尺寸编辑。执行菜单栏中的"系统"→"卫浴装置"命令,在"属性"面板中选择"洗脸盆-椭圆形"和 915mm×560mm,单击"编辑类型"按钮,弹出"类型属性"对话框,"复制"命名为"735mm×660mm",在洗脸盆长度输入"735mm",在洗脸盆宽度输入 660mm,在污水直径一栏中输入"32mm",在冷水直径一栏中输入"25mm",单击"确定"按钮,完成操作。将修改好属性分段的洗脸盆进行放置,选择菜单栏中的"系统"→"卫浴装置"命令,在"修改|放置卫浴装置"栏下面选择"放在垂直面上选项",依次放置

6个洗脸盆族，继续设置"902mm×660mm"洗脸盆，洗脸盆长度输入"902mm"，在洗脸盆宽度输入"660mm"，在污水直径一栏中输入"32mm"，在冷水直径一栏中输入"25mm"，单击"确定"按钮，完成操作，放置一个洗脸盆族，完成效果如图4-30所示。

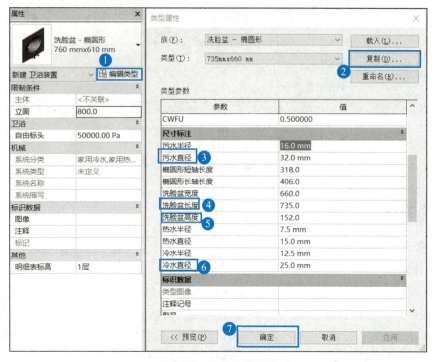

图4-29 插入洗脸盆族

图4-30 洗脸盆族放置

（2）绘制小便器。执行"插入"→"载入族"命令，弹出"载入族"对话框，选择"教学楼机电族"→"卫生器具"→"小便器"目录下"带挡板的小便器-壁挂式"RFA族文件，单击"打开"按钮，将族载入项目中，如图4-31所示。由前面识图可知，卫生间小便池污水管直径DN50，进水管直径DN20，据此对洗脸盆族进行尺寸编辑。执行菜单栏中的"系统"→"卫浴装置"命令，在"属性"面板中选择带挡板的"小便器-自闭式冲洗阀-壁挂式"类型，立面选择600，单击"编辑类型"按钮，在弹出的"类型属性"对话框中首先单击"复制"按钮，并将其命名为"教学楼小便器"，污水直径栏中输入"50mm"，冷水直径栏输入"20mm"，单击"确定"按钮，完成操作，如图4-32所示。将修改好属性的小便器进行放置，执行菜单栏中的"系统"→"卫浴装置"命令，选择"教学楼坐便器"，在"修改|放置卫浴装置"栏下面选择"放在垂直面上"选项，依次放置5个小便器族，单击"确定"按钮，

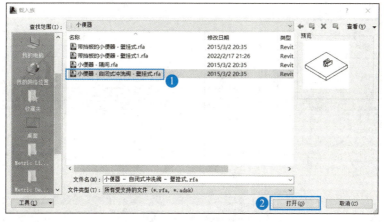

图 4-31　插入小便器族

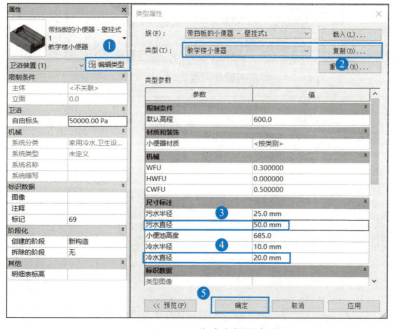

图 4-32　修改小便器类型

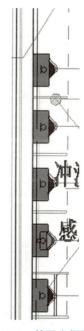

图 4-33　放置小便器

完成操作，如图 4-33 所示。

（3）绘制坐便器族。执行"插入"→"载入族"命令，弹出"载入族"对话框，选择"教学楼机电族"→"卫生器具"→"坐便器"目录下"坐便器-冲洗水箱"RFA 族文件，单击"打开"按钮，将族载入项目中。由前面识图可知，卫生间坐便器污水管直径 DN100mm，进水管直径 DN15mm，据此对坐便器族进行尺寸编辑。选择菜单栏中的"系统"→"卫浴装置"命令，在"属性"面板中选择"坐便器-冲洗水箱"类型，单击"编辑类型"按钮，在弹出的"类型属性"对话框中首先单击"复制"按钮，并将其命名为"教学楼坐便器"，污水直径栏中输入"100mm"，冷水直径栏中输入"15mm"，单击"确定"按钮完成操作，如图 4-34 所示。将修改好属性的坐便器进行放置，选择菜单栏中的"系统"→"卫浴装置"命令，在"修改 | 放置卫浴装置"栏下面选择"放在垂直面上"选项，依次放置 2 个坐便器族，单击"确定"按钮，完成操作，如图 4-35 所示。

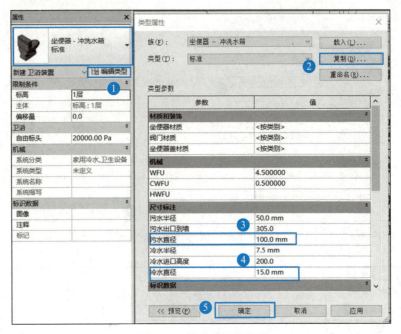

图 4-34 修改坐便器类型

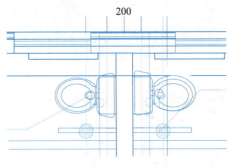

图 4-35 放置坐便器

> **感悟思考**
>
> 所有的部品尺寸要修改到每次设计要求的范围。通过学习，引导学生在未来工作中认真对待每次不同的设计工作，精益求精，追求高品质。

同理，载入蹲便器族及污水池族，并进行编辑，此处不再赘述。完成的卫生洁具摆放如图 4-36 所示。

★说明：可以使用对齐 al 及移动 mv 命令精确放置卫生洁具。载入族后，要及时复制成自己的族库，这也是 Revit 族载入后最容易忽略的一点。

2. 创建给水管

1）修改视图范围

单击"属性"面板中"视图范围"栏中的"编辑"按钮，弹出"视图范围"对话框，在标高栏中输入 –1100 的偏移量，单击"确定"按钮，完成操作，如图 4-37 所示。

创建给水管

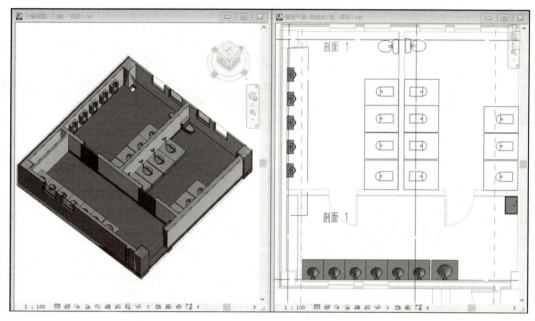

图 4-36　卫生洁具三维图示

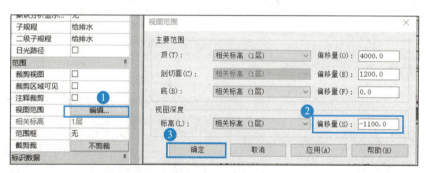

图 4-37　修改视图范围

2）绘制给水管

在"属性"面板中水平对正栏选择"中心"选项，垂直对正栏选择"中"选项，参照标高栏中选择"一层"选项，系统类型中选择"给水管"选项，完成后开始进行管道绘制。首先绘制第一段给水管，按 PI 快捷键激活管道绘制命令，在"修改|放置"管道直径栏中输入"100mm"，偏移量栏中输入"-1100mm"，制第一段给水管，入户后，偏移量改为"-350mm"，单击"应用"按钮，完成第一次翻弯（上弯），继续沿第一段管道方向进行绘制，如图 4-38 所示。

★说明：视图选项卡创建面板中的"剖面"命令，可以较为方便地建立剖面视图，利用剖面视图可以更好地观察管道翻弯等情况；可以使用视图选项卡窗口面板中的"平铺"命令，同时展示平面图与剖面图，方便绘制图形。

按 PI 快捷键激活管道绘制命令，在"修改|放置管道"直径栏中输入"40mm"，在偏移量栏中输入"-350mm"，绘制第二段给水管。先绘制右侧管道，左侧管道可以单击弯头左侧＋号，将其变为 T 形三通，单击 T 形三通，选择绘制管道命令进行管道绘制，在立管处输入偏移量为"4200mm"，单击"应用"按钮，生成立管 1JL-5，结束第二段管道绘制，如图 4-39 所示。

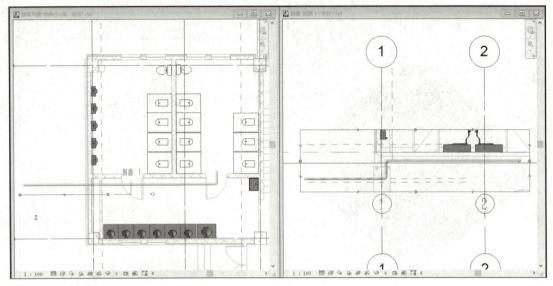

图 4-38　第一段管道

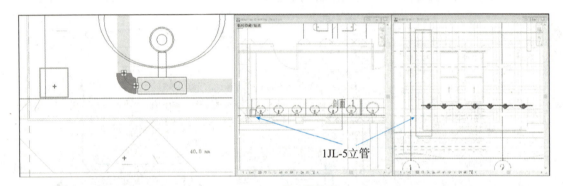

图 4-39　第二段管道

其余管道按照相同方式进行绘制，不再赘述，最终完成给水管道的绘制，如图 4-40、图 4-41 所示。

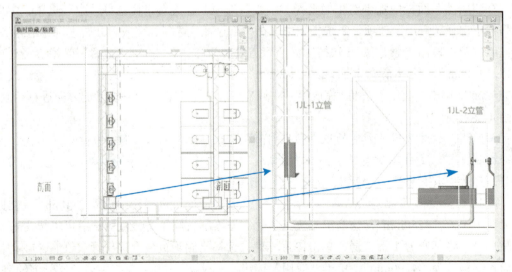

图 4-40　第三段管道

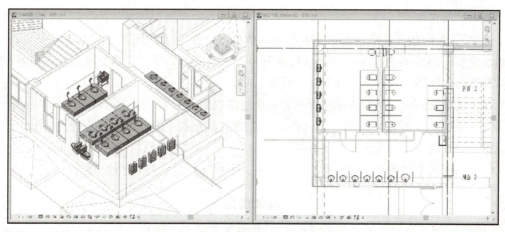

图 4-41　第四段管道

★说明：绘制管道时，不仅要在平面图上进行绘制，还要结合系统图进行管道直径及走向标高的判断。

3. 连接洁具

选中小便器进水口，右击绘制管道，将直径改为 20mm，偏移量设置为 1300mm，自动完成与管道的连接，其他卫生器具族也如此进行操作。给水管完成图如图 4-42 所示。

连接洁具

图 4-42
彩色版

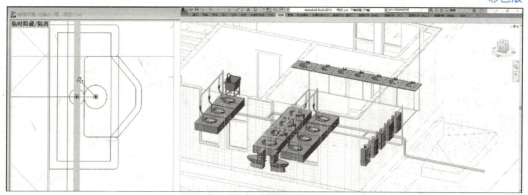

图 4-42　给水管完成图

★说明：可用 Tab 键测试是否形成管道管网，将鼠标移到进水管中，可多次单击 Tab 键，当左下角出现管道管网时观察是否全部选中给水管、给水管件和卫生设备。

1. 给水图识图。

供水图纸识图顺序：进户管→立管→干管→支管→用水点；查看图纸时，先整体看，再缩小范围看细节部分；先了解图纸标注的图例表和说明，然后查看平面图、系统图和详细大样图。

2. 系统图识读。

给水管道系统图主要表明管道系统的立体走向。在给水系统图上，不画出卫生器具，只画水龙头、淋浴器莲蓬头、冲洗水箱等符号；用水设备如锅炉、热交换器、水箱等则画出示意性的立体图，并在旁边注以文字说明。

在识读系统图时，应掌握的主要内容和注意事项如下：

（1）查明给水管道系统的具体走向，干管的布置方式，管径尺寸及其变化情况，阀门的设置，引入管、干管及各支管的标高。

（2）系统图上注明了各楼层标高，识读时，可据此分清管路属于哪一层。

> **BIM 优化**
>
> 随着 BIM 技术在建筑行业的发展，机电管线综合设计已从传统的二维图纸平面布置发展为可视化三维模型碰撞检查调整，但无论是二维还是三维管线综合设计，都有类似的调整思路与原则。
>
> BIM 机电综合管线优化技术是在未安装机电管线前，根据施工图纸对管线进行建模及优化。通过优化过程，可以直观地看到管线之间的碰撞问题，精确地控制、调整管线的位置和高度，从而解决各专业间存在的配合问题，从根本上解决管线"打架"的问题，使管线安装得更加紧凑，节约施工成本，也可提高管线布置的美观性。

成果巩固

选择题

1. 使用 Revit 绘制管道的快捷命令是（　　）。
   A. PI   B. MS
   C. HH   D. VV

2. 绘制管道时，可以在选项栏中调整的管道参数有（　　）。
   A. 管道材质   B. 系统类型
   C. 管道偏移量   D. 管道流量

3. 在绘制管道时，若需要保证第二段管道和第一段管道高程一致，除了可以手动调整高程，还可以使用"修改|放置"选项卡下的（　　）命令。
   A. 对正   B. 自动连接
   C. 继承高程   D. 继承大小

4. 绘制管道时，若需要管道以实体和材质图形下的颜色进行显示，需要进行的调整为（　　）。
   A. 在视图控制栏将详细程度改为精细；视觉样式改为着色
   B. 在视图控制栏将详细程度改为中等；视觉样式改为着色
   C. 在视图控制栏将详细程度改为中等；视觉样式改为真实
   D. 在视图控制栏将详细程度改为精细；视觉样式改为线框

5. 在绘制管道时，若需要使用特定的角度进行绘制，需要怎样设置？（　　）

　　A. 在管道的"类型属性"对话框中调整

　　B. 在机械设置-管道设置-角度中调整

　　C. 在管道的"属性"面板中进行调整

　　D. 在管道系统的"类型属性"对话框中调整

联考拓展

一、选择题（BIM 工程师考试试题）

1.【2021 年】在绘制管道前，首先需要对管道系统进行设置，若软件默认的管道系统中没有所需要的，应该如何创建所需的管道系统？（　　）

　　A. 在管道的类型属性中复制已有管道类型，并进行重命名

　　B. 通过基于线的公制常规模型新建族，并修改其名称为对应的管道系统

　　C. 在管道的"属性"面板中切换选择已有管道系统类型即可

　　D. 在项目浏览器中找到已有的管道系统进行复制，并重命名为所需管道系统的名称

2.【2021 年】在默认设置的系统样板-卫浴楼层平面：1-卫浴中，绘制系统为循环供水的管道无法看到的原因是（　　）。

　　A. 可见性/图形替换的过滤器列表下，循环默认是不勾选的

　　B. 视图范围

　　C. 视图的详细程度

　　D. 管道尺寸过小

3.【2022 年】绘制管道时，如何连接卫生洁具？（　　）

　　A. 将管道平面绘制拖到卫生洁具上

　　B. 将管道剖面或立面放置到洁具进水或出水口

　　C. 右击洁具连接点，选择绘制管道命令进行绘制，将管道与主管道进行连接

　　D. 左击洁具连接点，选择绘制管道命令进行绘制，将管道与主管道进行连接

4.【2022 年】在绘制管道时，若想要两条标高一致且十字交叉的管道搭接处自动生成四通，需要进行的设置为（　　）。

　　A. 在"修改|放置管道"选项卡中开启自动连接

　　B. 在"修改|放置管道"选项卡中开启继承高程

　　C. 在"修改|放置管道"选项卡中开启继承大小

　　D. 在"修改|放置管道"选项卡中同时开启继承高程和继承大小

5.【2022 年】以下正确生成管道压力损失报告的步骤是（　　）。

　　A. 单击"分析"→"报告"→"管道压力损失报告"，选择一个或多个系统

　　B. 单击"分析"→"报告"→"管道压力损失报告"，自动生成所有系统

　　C. 单击"分析"→"报告和明细表"→"管道压力损失报告"，选择一个或多个系统

　　D. 单击"分析"→"报告和明细表"→"管道压力损失报告"，自动生成所有系统

二、绘图题（2021年第五期"1+X"职业技能初级考试第三题考题二）

创建视图名称为"给排水平面图"的平面视图，并根据"给排水平面图"创建给排水模型，其中消火栓管道中心对齐，消火栓管道中心标高4.0m；消火栓箱采用室内消火栓箱，自定义尺寸、放置高度；根据"卫生间给排水详图"及"卫生间给排水系统图"创建为卫生间给排水模型，其中污水管坡度为1.5‰，卫生间建模包含地漏及卫生洁具等内容。最后，保存至"机电模型+姓名"文件中。（扫描二维码查看图纸）

绘图题资源

 答案

成果巩固

题号	1	2	3	4	5
选项	A	C	C	A	B

联考拓展

题号	1	2	3	4	5
选项	D	A	C	A	C

任务20　创建桥架

学习目标

独立掌握教学楼动力桥架图纸识读，能用Revit绘制动力桥架。

学习要求

知识要求：

1. 掌握教学楼电缆桥架识读及标高识图方法。
2. 掌握桥架尺寸的设置方法。
3. 掌握用Revit绘制电缆桥架的方法。

能力要求：

1. 能够识读简单的电气图纸，并进行标高查找。
2. 能够设置桥架尺寸及标高。
3. 能够绘制电缆桥架。

进阶要求：

能够识读及绘制强电、弱电、消防等图纸的电缆桥架。

桥架识读

任务准备

1. 强电线槽尺寸有三种，分别为200mm×100mm、300mm×150mm、400mm×200mm，暂定铺设高度为3150。

2. 强电线槽由设备间引出，沿走廊边铺设。

任务导图

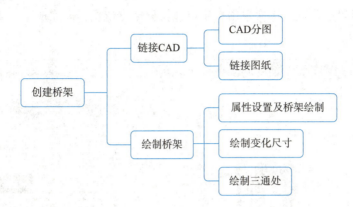

任务实施

1. 链接 CAD

链接CAD

1）CAD 分图

以首层动力平面图图纸为例说明分图步骤,首先打开 CAD 图纸文件,框选首层平面图全部内容,选择"编辑"→"带基点复制"命令(或者使用快捷键 Ctrl+Shift+C),单击Ⓐ轴与①轴的交叉点使其成为基点,再选择"文件"→"新建"命令创建一个新的 DWG 文件(快捷键为 Ctrl+N),用快捷键 Ctrl+V 将首层平面图粘贴到新的 DWG 文件中,在英文状态下输入基点坐标 0,0,0 后按 Enter 键确认,完成首层动力平面图的分解。带基点复制可以保证各楼层上下对齐。

> **感悟思考**
>
> 在 BIM 设计中,开始作图时,要保证基点一致。通过学习,引导学生在未来工作中做事情时,要打好基础,才能保证以后工作的顺利进行。

删除图纸中与建模无关的内容,以减少文件占用的空间,将新 DWG 文件进行保存,并将其命名为"首层动力平面图"。

2）链接图纸

双击打开"任务 19.rvt"文件,项目浏览器选择"电气"→"动力"→"楼层平面"→"1 层动力",进入 1 层动力平面视图,执行"插入"选项卡下"链接"面板中的"链接 CAD"命令,选择"首层动力平面图",在打开的"链接 CAD 格式"对话框下选择"仅当前视图",导入单位为"毫米",定位为原点到原点,其他保持默认,单击"确认"按钮,载入 CAD,如图 4-43 所示。

2. 绘制桥架

1）属性设置及桥架绘制

绘制桥架

执行"系统"选项卡下"电气"面板中的"电缆桥架"命令,在"修改|放置电缆桥架"选项卡下选择"自动连接"和"在放置时进行标记"两个命

令，在"属性"面板中选择"动力桥架"，输入桥架的尺寸为宽度300，高度100，偏移量3150，限制条件为垂直底对正，水平中心对正，参照标高为1层，开始绘制桥架。左键单击确定电缆桥架起点位置，再次单击确定电缆桥架终点位置，即完成第一条桥架绘制，如图4-44所示。

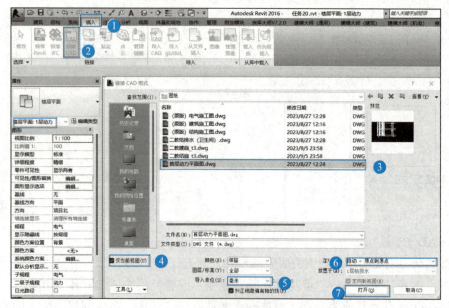

图 4-43 链接 CAD

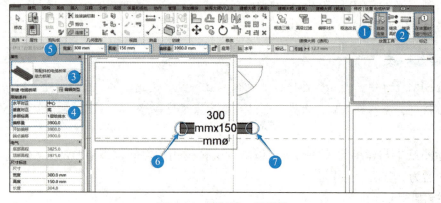

图 4-44 绘制第一根桥架

2）绘制变化尺寸

接下来绘制第二条电缆桥架，将尺寸改为宽度200，高度100，其他属性默认不变，在绘图区域选中第一条电缆桥架的末端作为第二条起点，向下移动单击终点，连续单击即可绘制完成200×100尺寸的桥架，转弯处自动生成水平弯通，第二条桥架如图4-45所示。

3）绘制三通处

选中水平弯头，上部出现"+"号，单击"+"号即可变成水平三通，右击水平三通的拖曳符号，选择绘制电缆桥架命令，设置宽度300，高度150，继续绘制桥架终点即可，其他桥架绘制方式同上，不再赘述，如图4-46、图4-47所示。

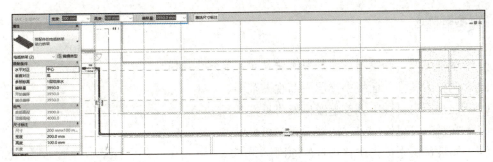

图 4-45 绘制第二根桥架

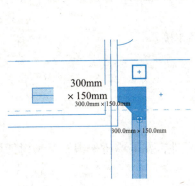

图 4-46 弯通变三通

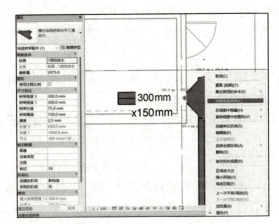

图 4-47 绘制电缆桥架

首层动力桥架完成图如图 4-48 所示。

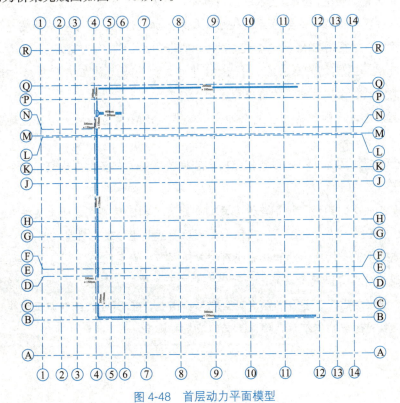

图 4-48 首层动力平面模型

> **实操答疑**

1. 绘制桥架时，如绘图区域桥架无法显示，有哪些原因？
（1）调整"属性"面板中楼层平面视图范围。
（2）在视图可见性中调整电缆桥架可见性。
（3）在视图可见性中将过滤器设置为可见。
（4）属性楼层平面里调整规程的原因。
（5）如设置了阶段过滤器，在阶段过滤器选择仅拆除可见的话，仅仅只能显示拆除的构件，不会显示新建和原有的构件。
（6）族的构件只有在精细详细程度下才能显示，若详细程度为粗略的话，族就不会显示。
（7）创建构件时，参照标高或者工作平面没有选择正确。
（8）构件设置了永久隐藏。
（9）楼层平面视图样板中应用了其他视图样板。
（10）裁剪视图范围之外的构件不显示。

2. 绘制动力桥架时，无法连续生成桥架。
有可能是未设置电缆桥架配件，应载入电缆桥架配件，在电缆桥架编辑类型对话框中选择好管件，单击"完成"按钮，即可连续生成桥架。

小细节，大隐患

在机电安装工程中，BIM 技术的应用确实能够大大提高施工的精确度和效率，但同时也存在一些容易被忽视的细节，这些细节如果不加以注意，可能会成为安全隐患。以下是一些容易被忽视的 BIM 机电安装中的小细节。

（1）与施工人员的沟通：在进行 BIM 排布时，应多与施工人员进行沟通，确保 BIM 模型的设计符合实际施工的需求和规则。

（2）现场施工规则的结合：不应想当然地排布 BIM 模型，而应结合现场施工规则进行科学合理地建模。

（3）检修空间的考虑：平面检修空间和空间检修空间都要做好规划，确保设备的维护和检修能够方便进行。

（4）设备间距的判断：设备与设备之间的距离要判断精确，同时也要注意设备距离门、墙、柱、管井、立管的距离，确保人员可以畅通无阻地进出机房。

（5）施工规范：所有设计和排布应符合施工规范，避免因违反规范而导致的问题。

这些细节虽然看似微小，但在实际施工中却至关重要。忽略这些细节可能会导致施工过程中的困难和返工，甚至可能有安全隐患。因此，在 BIM 设计和施工过程中，应特别注意这些容易被忽视的细节，确保工程的质量和安全。

成果巩固

选择题

1. Revit 软件如何进行电缆桥架颜色的设置？（　　）
   A. 通过过滤器进行设置　　　　　　B. 通过系统类型调整材质设置
   C. 通过编辑类型进行设置　　　　　D. 通过"属性"面板进行设置
2. 下列属于 Revit 软件中电缆桥架族类型的是（　　）。
   A. 无配件的电缆桥架　　　　　　　B. 动力配电的电缆桥架
   C. 综合布线的电缆桥架　　　　　　D. 消防的电缆桥架
3. 绘制电缆桥架的限制条件有（　　）。【多选】
   A. 参照标高　　B. 偏移量　　C. 宽度
   D. 高度　　　　E. 垂直对正
4. 不同宽度的桥架连接用（　　）来控制中心一致。
   A. 垂直对正　　B. 水平对正　　C. 偏移量　　D. 以上都不是
5. 在电缆桥架的类型属性中，下列哪项设置可以保证绘制桥架时上下弯通形状是正确的？（　　）
   A. 垂直内弯头设置为等径上弯通，垂直外弯头设置为等径上弯通
   B. 垂直内弯头设置为等径下弯通，垂直外弯头设置为等径下弯通
   C. 垂直内弯头设置为等径下弯通，垂直外弯头设置为等径上弯通
   D. 垂直内弯头设置为等径上弯通，垂直外弯头设置为等径下弯通

联考拓展

一、选择题

1.【2022 年第二期"1+X"职业技能初级考试】选中某电缆桥架，单击"修改|放置电缆桥架"→"放置工具"→"对正"，在弹出的"对正设置"对话框中包含的设置有（　　）。【多选】
   A. 水平对正　　B. 水平偏移　　C. 垂直对正
   D. 垂直偏移　　E. 中心对正
2. 下列关于开关插座模型创建操作流程的说法中正确的是（　　）。
   A. 首先选择"系统"命令栏，接着选择"电气"选项卡，最后选择"电缆桥架"
   B. 首先选择"系统"选项卡，接着选择"电气"命令栏，最后选择"照明设备"
   C. 首先选择"系统"，接着选择 HVAC 选项卡，最后选择"设备"命令栏
   D. 首先选择"系统"命令栏，接着选择"电气"，最后选择"设备"选项卡
3. 配电盘明细表位于（　　）选项卡中。
   A. 系统　　　　　　　　　　　　　B. 视图
   C. 分析　　　　　　　　　　　　　D. 协作
4. 在 Revit 软件中，导线绘制方式正确的是（　　）。
   A. 直线导线　　　　　　　　　　　B. 样条曲线导线
   C. 多段导线　　　　　　　　　　　D. 圆角导线

5. 下列属于机电族连接件的有（　　）。【多选】
   A. 风管连接件　　　　　　　　B. 配电连接件
   C. 电气连接件　　　　　　　　D. 管道连接件
   E. 电缆桥架连接

二、绘图题（2021年第五期"1+X"职业技能初级考试第三题考题二）

在任务19的基础上，创建视图名称为"电气平面图"的平面视图，并根据"电气平面图"创建电气模型，灯具为"双管悬挂式灯具"，安装高度不作要求（合理即可），开关为单控开关，安装高度为1.2m，电气桥架为电缆桥架，桥架底对齐，桥架安装底高度为4.25m。最后，将其保存至"机电模型+姓名"文件中。（扫描二维码查看图纸）

绘图题资源

答案

成果巩固

题号	1	2	3	4	5
选项	A	A	ABCDE	B	C

联考拓展

题号	1	2	3	4	5
选项	ABC	D	C	B	ACDE

任务 21　链接模型及碰撞检查

通过学习本任务，掌握链接Revit的方法及碰撞检查的设置方法。

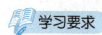

知识要求：
1. 掌握链接Revit的步骤。
2. 掌握链接模型对齐的方法。
3. 掌握碰撞检查的设置方法。
4. 掌握碰撞报告的查看方法。

能力要求：
1. 能够在机电模型中链接其他专业模型。
2. 能够对碰撞检查进行碰撞前的合理设置。
3. 能够查看碰撞报告，并适当修改碰撞点。

进阶要求：
独立进行专业模型间的碰撞检查。

任务准备

1. 将建筑、结构、机电模型的副本保存到统一工作文件夹中备用。
2. 检查机电模型是否形成整体管网。

任务导图

任务实施

1. 链接模型

双击打开机电模型,即"任务 20.rvt",执行"插入"选项卡下"链接"面板中的"链接 Revit"命令,找到"任务 9.rvt"文件,单击"打开"按钮,将建筑模型链接进来,同理,使用"链接 Revit"命令,找到"任务 17.rvt"文件,将结构模型链接进来。模型三维图示如图 4-49 所示。

链接模型

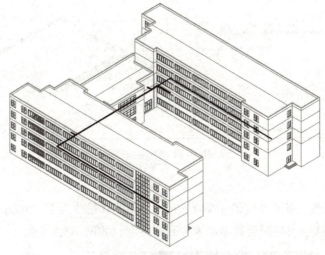

图 4-49　链接后的综合三维模型

2. 碰撞检查

双击三维视图打开综合三维视图界面,选择"协作"选项卡下"坐标"面板中的"碰撞检查"命令,运行碰撞检查。打开"碰撞检查"对话框,左侧类别来自当前项目,勾选除"卫浴装置"外的所有选项,右侧类别来自任务 17,勾选所有选项,单击"确定"按钮,执行碰撞检查,如图 4-50 所示。

碰撞检查

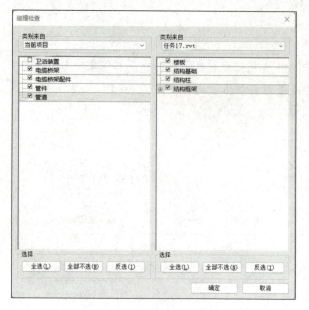

图 4-50　碰撞检查

生成的"冲突报告"对话框如图 4-51 所示,报告显示电缆桥架与结构梁有硬碰撞。选中碰撞的电缆桥架,单击"显示"按钮,即可在三维视图中黄色亮显该桥架。同时,单击"导出"按钮,即可导出碰撞报告进行查阅或打印。

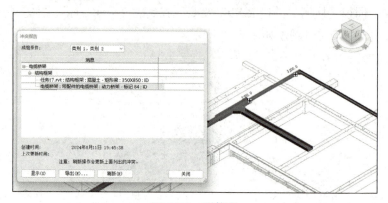

图 4-51　碰撞点

3. 碰撞调整

选中碰撞处桥架,将该处桥架标高降 50mm,即偏移量改为至 3200mm,刷新即可将报告的碰撞消除,再次运行碰撞检查显示未检测到冲突,如图 4-52 所示。

图 4-52　未检测到冲突

★说明：可以对管道、风管、桥架等系统进行碰撞检查，也可对不同专业进行碰撞检查。

感悟思考

按碰撞原则优化，没有最好，只有更好。一个人变优秀的捷径，也是不断地优化自己。

面面俱到

大家开始学习管道建模的知识，在初步尝试阶段，总会有各种疑问及难点，最后好不容易完成的模型，通过 Tab 键全选检查会发现，部分管段或设备无法连入，不属于整个系统的管网。以往出现这样的现象，老师们都会教大家如何去修改，却忽略了出现这种情况的原因——开端的设置不够全面。大家将来有可能会独立面临部分模块的建模任务，或复杂或异型，能够避免返工或修改的方法就是从一开始就面面俱到地将管道系统设置，将族库完善，按步骤作图，减少修改。世界技能大赛的 BIM 比赛就是用 Revit 一个软件，从族库开始进行定时操作，获得工匠赞扬的选手们有一个通性，那就是从一开始就规范绘制，这样就可以省下检查步骤的时间。

这对大家有什么启示呢？请在课下写下你的建模感受吧。

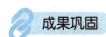

成果巩固

选择题

1. 在进行机电布置时，需要参考已完成的建筑专业模型，通常采取（　　）方式来实现。
   A. 插入　　　　B. 复制　　　　C. 粘贴　　　　D. 链接
2. 在导入链接模型时，下面的（　　）不能链接到主体项目。
   A. 墙体　　　　B. 轴网　　　　C. 参照平面　　　　D. 注释文字
3. 碰撞检测能够在 BIM 三维模型中提前发现（　　）专业在空间上的冲突、碰撞问题。【多选】
   A. 建筑　　　　B. 结构　　　　C. 消防
   D. 给排水　　　E. 幕墙
4. 下列不属于机房机电安装工程 BIM 深化设计内容的是（　　）。
   A. 碰撞检查　　B. 基础建模　　C. 管线综合　　D. 净高分析
5. 关于 BIM 技术中的碰撞检查，描述正确的是（　　）。【多选】
   A. 风管与水管的碰撞检查
   B. 机电与土建的碰撞检查
   C. 管线本身的碰撞检查
   D. 可以根据情况自行设计碰撞规则
   E. 不能根据情况自行设计碰撞规则

联考拓展

一、选择题

1.【2019 年第二期"1+X"职业技能初级考试】下列关于机电模型创建表述正确的是（   ）。【多选】

  A. 机电模型可直接复制建筑模型中的轴网
  B. 机电样板内不能显示建筑墙
  C. 绘制机电模型时就可考虑各专业的标高，这样可减少后续工作量
  D. 机电管道的设置可以不考虑管道材质，随意即可
  E. 视图内对各系统的显隐控制可使用过滤器

2.【2021 年第五期"1+X"职业技能初级考试】BIM 技术中的管线综合优化指的是对（   ）的优化。

  A. 给排水管道   B. 风管
  C. 桥架   D. 所有安装管线系统

3.【2022 年第二期"1+X"职业技能初级考试】下列关于碰撞检查的顺序正确的是（   ）。

  ①设备内部各专业碰撞检测 ②土建碰撞检测 ③结构与给排水、暖、电专业碰撞检测 ④解决各管线之间交叉问题

  A. ①②③④   B. ②①③④
  C. ②③①④   D. ③①②④

4.【2022 年 BIM 工程师考试试题】当管道需要绕梁绕柱做水平方向的偏移调整时，可以使用（   ）命令。

  A. 手动偏移   B. 手动修改
  C. 升降偏移   D. 自动升降

5.【2022 年 BIM 工程师考试试题】下面关于管线优化设计遵循的原则说法正确的是（   ）。【多选】

  A. 在非管线穿梁、碰柱、穿吊顶等必要情况下，尽量不要改动
  B. 管线优化设计时，应预留安装、检修空间
  C. 只需调整管线安装方向即可避免的碰撞，属于硬碰撞，可以不修改，以减少设计人员的工作量
  D. 需满足建筑业主要求，对没有碰撞，但不满足净高要求的空间，也需要进行优化设计
  E. 管线避让原则：无压管让有压管；小管线让大管线；施工简单管让施工复杂管；冷水管道避让热水管道；附件少的管道避让附件多的管道；临时管道避让永久管道

二、绘图题（图学学会 BIM 技能等级考试试题二级设备专业第八期第四题）

扫描二维码查看机电系统平面图，新建机电专业模型，结果以"机电系统模型 + 姓名"为文件名保存。机电系统平面图所注标高中除水管为中心标高外，其余均为底标高。

绘图题资源

具体要求：
（1）标注管线，体现系统类型，管径及高程。
（2）解决图面中的桥架与水管的碰撞问题，保留翻弯处的剖面图。
（3）利用过滤器，在三维视图中为风、水电各专业管道（包含管件、管道附件）定义颜色：排烟管道黄色，送风管蓝色，桥架绿色，喷淋管紫色，消火栓管红色，各管道颜色均为实体填充。

答案

成果巩固

题号	1	2	3	4	5
选项	D	D	ABCD	B	ABCD

联考拓展

题号	1	2	3	4	5
选项	ACE	D	B	C	ABD

参考文献

[1] 李颖，林巧琴. 建筑识图与构造 [M]. 北京：清华大学出版社，2019.
[2] 周学军，白丽红. 建筑结构施工图识读 [M]. 2 版. 北京：中国建筑工业出版社，2022.
[3] 文桂萍，代端明. 建筑设备安装与识图 [M]. 2 版. 北京：机械工业出版社，2020.